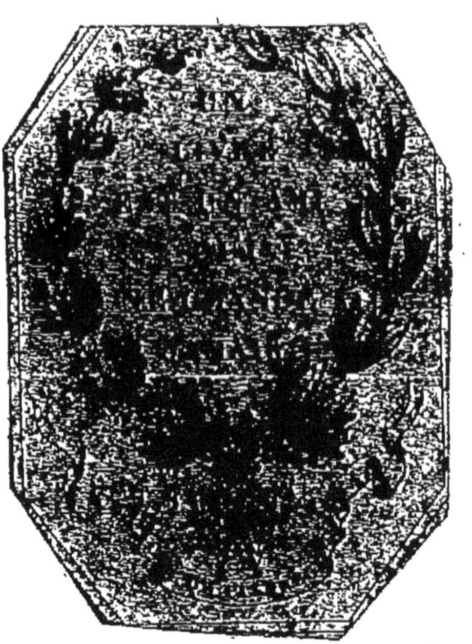

VOYAGE

A PLOMBIÈRES.

Cet ouvrage se trouve aussi

A	Chez
Épinal,	JOUVE ;
Luxeuil,	ARNOULD ;
Metz,	DEVILLY ;
Nancy,	VINCENOT ;
Plombières,	JOUVE.

PARIS, IMPRIMERIE DE A. BELIN,

Rue des Mathurins S.-J., n°. 14.

Vue de Plombières au 16e Siècle.

VOYAGE

A PLOMBIÈRES

EN 1822;

Où se trouve la version faite pour la première fois en français du poëme latin sur Plombières de Joachim Camérarius, Recteur de l'Université de Leipsick, imprimé à Venise en 1553, avec le texte latin en regard;

OU

LETTRES A M. V.

Par M. PIRAULT DES CHAUMES, Avocat.

Accipe cum verâ dicta relata fide.
OVIDE, *Paris à Hélène.*

PARIS,

GUILLAUME, LIBRAIRE, RUE HAUTE-FEUILLE, N° 14.

1823.

VOYAGE

A PLOMBIÈRES.

LETTRE PREMIÈRE.

Mon ami,

Ovide écrivait à Græcinus, qui le pressait de le suivre à l'armée :

Tout amant est soldat, et l'Amour a ses camps.
Militat omnis amans, et habet sua castra Cupido.

Ce qui signifie qu'on attrape aussi bien un rhumatisme en se livrant aux rudes travaux des camps qu'en obéissant aux caprices toujours nouveaux de sa maî-tresse, ou en bravant toutes les intempéries des saisons pour obtenir d’elle un rendez-vous, que souvent elle accorde..... à d’autres.

Ovide, si fécond en similitudes, aurait dû y comprendre la profession d’avocat. L’avocat n’est pas un champion moins laborieux qu’un guerrier ou qu’un amant. Se bat-il pour une cause juste? il faut qu’il la défende comme si elle ne l’était pas; pour une cause injuste? il doit, par ses efforts, faire supposer qu’il la croit bonne. Quel est, après le combat, son salaire? une suppression de transpiration et un rhumatisme.

Telle est donc la couronne réservée à ces trois utiles, honorables et très-libérales professions! Je les ai toutes les trois exercées, comme tu le sais si bien, et

voilà qu'enfant gâté du sort je suis ho-
noré par lui d'une triple couronne.
Bien des hommes ont inutilement pour-
suivi la récompense de leurs longs ser-
vices ; admire l'excellence de mon étoile ;
je ne demandais rien pour les miens, et
la capricieuse Fortune m'a accablé de
toutes ses faveurs.

Encore s'il m'eût été possible de les
refuser ; mais non, il m'en fallut supporter le poids, en être fatigué, torturé,
et me voir enfin réduit à une atonie
voisine du néant, qui est le réservoir
commun où vont se perdre tant de
gloires, comme l'a dit l'Ecclésiaste : *non
erit enim memoria sapientis similiter et
stulti in perpetuum.*

Tu conçois que j'avais fini par appe-
ler l'art à mon secours. D'ailleurs je ne

professe point cette philosophie trans-
cendante grâce à laquelle on s'élève au-
dessus du préjugé de croire à l'utilité
de la médecine, au moyen de quoi on
souffre avec une constance stoïque......,
tant qu'elle dure, et on meurt sans
que personne vous souhaite bon voyage,
si tant est que ce soit raison pour
mourir.

L'art entendit ma voix, et point du
tout la cause de mon mal; il fit sur
moi de pieuses et inutiles épreuves. Je
me crus en droit à mon tour de me
soumettre à mes propres expériences;
je n'en fis qu'une, et je me trouvai
soulagé. Mais j'avais langui pendant
deux ans; il convenait d'achever la cure
que j'avais commencée : mon expérience
avait dévoilé la cause de mes longues

agonies, et je fus expédié à Plombières,
au mois de juillet dernier, pour faire
achever par la vertu de ses eaux la guérison qui n'était qu'ébauchée.

En homme prudent, j'eus soin de
consulter les jours ; le 17, jour de
la fête de saint Spérat, me parut d'un
bon augure. Je m'embarquai sous la
double égide de l'espérance, et du Saint
le plus révéré que nous connussions
dans ce tant austère et tant regretté
collége de Montaigu. La porte d'hon-
neur, mon ami, ne s'en ouvrait que ce
seul jour dans l'année ; et c'était pour
laisser pénétrer, jusqu'à nos tables,
trente gigots de moutons cuits au four,
dont était récompensée la patience avec
laquelle nous avions entendu le pané-
gyrique éternel du Saint. Ce jour au-

guste, le seul, l'unique de l'année qui éclairât pour nous une modification dans l'usage du bœuf bouilli, le matin, et des haricots fricassés, le soir, enfin ce jour de fête, puisqu'il était un jour de rôti, fut celui de mon départ; aussi mon voyage fut heureux.

Quel fut, me diras-tu, ton bagage? Juges-en : 1°. ma maladie en convalescence douteuse; 2°. mes amours avec Cynthie à l'agonie; 3°. mon ennui de laisser derrière moi mes livres qui me consolaient du moins, et enfin un sac de nuit. J'ai vu de grosses voitures, bourrées dans tous les sens, arriver à Plombières : elles avaient moins de bagage que moi.

Nous ne nous trouvâmes que deux dans la voiture publique, quoiqu'elle fût pleine. Mon second était un brave ordonnateur, dont le cœur est excellent, et dont l'esprit et les connaissances firent le charme de mon voyage. Je lui fus redevable de deux jours dérobés à l'ennui et d'un coup de soleil.

Pour ne pas troubler par nos propos inharmonieux de braves toucheurs de bestiaux, qui s'entretenaient, si ce n'est de leur innocent commerce, du moins de leur commerce d'animaux innocens, nous étions allés nous percher sur l'impériale de la diligence. Là, nous causions littérature, poésie, belles-lettres. M'arriva-t-il de prononcer avec éloge le nom d'un de ces grands génies de notre siècle, si généralement admirés.... dans leur coterie, et maître Apollon, irrité encore plus contre leurs admirateurs que contre les sots, ce qui serait juste, m'aurait-il châtié en me décochant un de ses traits? ou plutôt, comme il faisait une extrême chaleur, me serai-je livré, tête nue, à toute l'énergie des rayons solaires?

Enfin, après soixante heures de route, j'arrive à Plombières, à trois heures du matin, heure choisie à merveille, puisque tout dort alors dans la ville, jusqu'aux servantes dont c'est le tour de veiller. Heureusement il faisait beau, autrement j'aurais eu, privé que je fus d'abri pendant trois quarts d'heure, le temps de contracter un rhumatisme de plus.

Dieu soit loué! Marie a cru enfin entendre gratter à la porte de l'auberge de la Tête d'Or, que je défonçais; elle ouvre, elle s'empare de mon sac de nuit, et me conduit au bain qui devait m'aider à me délasser.

Je n'étais pas encore muni de la tunique des adeptes, et je devais dérober mon ablution à tous les yeux. Le vieux Blaise, le patriarche de la piscine du bain des dames, me désigne un cabinet où ma pudeur ne pourra pas s'effaroucher de l'idée de blesser celle des autres; mais dans ce cabinet, ou plutôt dans cette guérite renversée, mes bras se trouvaient privés de la faculté de se mouvoir, et il ne m'était pas permis de me dévêtir; l'eau d'ailleurs courait par torrens sur les dalles du cabinet. Ma colère s'échauffe sur la localité, sur l'absence de toute tenue; je m'élance hors de ma souricière, je me dé-

pouille, et fort heureusement, de mon
habit, que Blaise attache à un porte-
manteau ; je m'assieds sur le couvercle
de l'une des nombreuses baignoires dont
l'antichambre de dix cabinets semblables au mien est entouré, et, victime
de mon émotion, qui m'imprime un
mouvement trop brusque, dans l'action
d'arracher l'un de mes bas, je déplace
le couvercle mobile qui me sert de
siége, et je tombe à la renverse, tout
habillé, dans la baignoire pleine d'eau
chaude qui le supportait.

Voilà, mon ami, mon début à Plombières ; était-il de mauvais augure ? Je
n'avais pas sous la main mademoiselle
Le Normand pour me diriger ; je m'a-
visai donc moi-même, et me dis : bon
courage ; ce qui vient de t'arriver est

l'assurance d'une heureuse exception en ta faveur; les médecins, et Hygie elle-même, s'accordent pour te prescrire l'usage des eaux; la preuve en est, que la déesse, dans son bienveillant empressement, vient de t'y plonger tout vêtu. Je me suis donc enhardi; Marie a fait sécher mes hardes; après une heure, je me suis étendu dans un lit bien chaud; la cloche du déjeuner m'en a fait sortir à dix heures, et je suis descendu m'asseoir à une excellente table, où brillait l'eau la meilleure qu'on puisse boire, mais qui rougit partout à Plombières de sa mixtion avec un mauvais vin.

Que cela ne te surprenne cependant pas; on pourrait y boire du bon vin, puisqu'on y est si voisin de Bar; mais le mauvais vin tient à une antique coutume du pays, et rien n'est respectable comme les anciens usages. Montaigne, dont je te reparlerai, a dit de Plombières : *le vin et le pain y sont mauvais.* Pourquoi voudrait-on que les habitans de cette ville déshonorassent leurs aïeux en fournissant aujourd'hui le vin de bonne qualité? Cependant on peut leur reprocher d'avoir dérogé sur le second point; le pain y est bon; cela te prouve qu'il n'est pas aussi facile qu'on le voudrait de conserver les mœurs antiques dans toute leur pureté.

Avant le dîner, j'avais commandé l'habit de confrérie des baigneurs; c'est une longue robe de grosse laine blanche à longues manches; elle vous enveloppe depuis les oreilles, qu'elle atteint avec son collet, jusqu'à la cheville ; elle est fendue sur le devant, de la hauteur d'environ vingt pouces, et votre toilette est faite, lorsqu'après avoir endossé cet uniforme, vous avez noué deux cordons.

Le lendemain, vêtu de la robe des initiés, je fus introduit par l'hiérophante M. Blaise dans le grand sanctuaire du bain des dames : grand parallélogramme qui serait rectangle, n'était que l'on a pratiqué dans le coin, à droite en entrant, un cabinet à l'usage alternatif de tous les baigneurs de cette salle qui contient dix-neuf baignoires en bois, symétriquement rangées à côté les unes des autres, comme des tonneaux dans une cave. Les murs de cette noble salle offrent un enduit ou tor-

chis en chaux; son plancher est dallé;
son plafond, qui a sept pieds environ
d'élévation, est en sapin, et elle est éclai-
rée par deux petites fenêtres à petits
carreaux, qui, imaginées pour donner
du jour, luttent avec succès contre son
introduction. Dans ce lieu, si bien ap-
proprié, on jouit du double avantage
de balancer sa tête dans un bain perpé-
tuel de vapeur, et de respirer l'am-
broisie du gaz carbonique qui s'échappe
de tous les réchauds des servantes de
bains, employées à chauffer le linge des
baigneurs qui ont achevé le temps de
leurs immersions.

Ce ne fut pas sans quelque émotion
que, sous ce costume nouveau, pieds
nuds, un mouchoir autour de la tête,
je traversai cette longue salle pour aller

prendre possession de mon tonneau.
Les regards curieux de dix-huit per-
sonnes m'imposaient beaucoup, et ajou-
tèrent sans doute à la maladresse de la
manœuvre qu'il me fallut faire pour
entrer dans ces baignoires où l'on ne se
peut introduire que par le pied. J'y
suis enfin, et pour mon bonheur je m'y
trouve entre une femme aimable qui
demeurait comme moi à la Tête-d'Or,
et un conseiller de la cour d'Amiens,
jadis mon camarade, et chez lequel
mes traits s'étaient effacés. Salutations
aux deux voisins, au public, et douce
causerie avec ma voisine, comme si,
depuis trente ans qu'elle existe, j'avais
toujours appartenu à sa bienveillance.
C'est là, mon ami, l'un des priviléges
des bains : ils commandent une gra-

cieuse familiarité. L'étiquette, la morgue même, ne sauraient tenir devant l'égalité du costume, la similitude de la position, la parité des baignoires et leur voisinage obligé. La coquette y devient aimable, parce qu'elle n'a plus alors que ce moyen de se signaler; la vanité y devient modeste, parce que ses atours l'y rendraient ridicule, et le sot s'y tait bien vite, parce que le rire de la liberté n'y reçoit point d'entraves. Le noble et le plébéien, le magistrat, le général, le médecin, le poète, tout y est frère, et l'on n'y accorde le droit d'aînesse qu'à celui dont les saillies amènent et font circuler la gaieté.

Je ne voulus point laisser écouler le temps de la séance sans me replacer dans le souvenir du magistrat à côté

duquel j'avais le plaisir de siéger, et je
lui racontai une petite anecdote qui,
sans que je me nommasse, fixant sur
moi ses yeux étonnés, lui rappela ins-
tantanément et mes traits et mon nom.

Vous souvient-il de la tendre Lucie,
Qui vous jurait un éternel amour,
Que vous juriez d'aimer toute la vie?
Serment pareil de sa bouche jolie
En même temps me berçait à mon tour ;
Et, comme vous, jouet de la perfide,
Je m'enivrais, confiant possesseur,
Des longs baisers pris sur sa bouche humide
De volupté, d'amour et de bonheur.

Quand, de ce dieu prêtresse gracieuse,
Elle en avait déposé le bandeau,
Et, sans l'éteindre, obscurci le flambeau,
Que ravivait sa main voluptueuse;
Lorsque rendue à la société,
Elle y brillait de grâces, de décence;

Que sur son front, radieux de beauté,
Semblaient s'asseoir le calme et l'innocence ;
Qu'elle imposait à tous, par sa présence,
La retenue et la douce gaîté ;
Nous bénissions en secret nos étoiles :
Chacun de nous, de soi seul confident,
Divinisait, enthousiaste amant,
Les vents heureux qui soufflaient dans nos voiles.
Hélas ! pourquoi le ciel fit-il si courts
Ces doux instans filés par le mensonge !
Tous les plaisirs s'écoulent comme un songe,
Aux chagrins seuls sont donnés de longs jours!..

    Anette aimait : suivante de Lucie,
De ses plaisirs ministre dangereux,
L'infortunée a puisé dans vos yeux
L'amour brûlant, l'horrible jalousie ;
Et mes amours, mystère ténébreux,
Ravis au jour, ennoblis par les ombres,
Ont vu percer dans leurs asiles sombres
D'affreux flambeaux les rayons lumineux.
Je les cueillais, étendu sur sa couche,
Sans les compter, tous ces mille baisers

Qui dans ma soif distillaient de sa bouche...
Soudain, glacé par votre aspect farouche,
J'ai vu l'amour fuir nos tristes foyers.
Lucie en pleurs, et par eux embellie,
Du noir courroux dont nous brûlions tous deux.
A conjuré l'élan impétueux.
Anette, hélas ! coupable, et trop punie
Par vos mépris justes, mais rigoureux,
Au désespoir livre une âme flétrie ;
Et nous sortons, abandonnant Lucie
A tous les maux d'un amour malheureux,
Et déplorant tous deux sa perfidie.

La gravité curule n'était pas trop marquée ; mais elle disparut absolument au récit de mon historiette, et je vis renaître tous les charmes de l'intimité qui avait existé entre nous.

Il fallut enfin s'arracher des bras de la caressante nayade qui m'avait fixé pendant deux heures ; mon valet de

chambre, Marie, m'attendait à la porte
du cabinet ; j'entre et je dépouille, aidé
par elle, la chemise de laine qui, comme
celle de Nessus , se gripait obstinément
sur moi ; Marie la remplace par un
peignoir brûlant qu'elle me jette sur les
épaules. Deux serviettes chaudes qu'elle
me présente ensuite achèvent l'absorp-
tion de l'eau qui ruisselait sur moi , je
suis habillé et je livre à un autre baigneur ce cabinet unique , que toutes les
Maries se disputent entre elles , dans
l'intérêt du baigneur au service duquel
elles sont attachées.

Le moment était favorable pour visiter l'établissement. En sortant de ma
chambre, je me trouve dans celle du
bain commun qui est aussi un grand
parallélogramme, mais dont le plafond

est voûté. Au milieu de cette chambre est un bassin en dalle creusé d'environ trois pieds, et pouvant avoir huit ou neuf pieds de diamètre. C'est là que ceux qui aiment à se baigner à grande eau vont se placer. Des marches qui leur servent de siége, leur procurent le moyen d'entrer plus ou moins profondément dans l'élément liquide. Les approches de ce bassin sont encombrées par de hautes guérites de six pieds de long , dans lesquelles l'ambition si naturelle de recouvrer la santé livre les baigneurs aux tortures volontaires et prolongées de la douche. Ce bain est mesquin, et devrait être somptueux puisqu'il fut jadis la propriété des dames de Remiremont, c'est-à-dire de l'abbaye la plus riche et la plus fastueuse de l'Europe. Mais qu'importait à des princesses, dotées de seize quartiers au moins de noblesse paternelle et maternelle, et qui, dans le délire de leur orgueil, contestaient aux nobles filles de nos rois le droit de prendre rang au milieu d'elles, parce que le sang illustre des Laurent de Médicis s'était allié au sang pur des Bourbons ; que leur importait que ce bain offrît aux malades et aux voyageurs les commodités dont ils manquent? Il ne figurait dans le répertoire de leurs riches possessions que comme un four ou un pressoir, ayant le droit oppressif de banalité. Le reste de cet établissement consiste en corridors où sont pressées des baignoires en bois, et qui, plus obscurs que la salle où j'étais placé, ont

l'avantage d'être voûtés, et l'inconvé-
nient d'être un peu frais.

Je voudrais bien te mener au dehors
de la ville, te parler de sa situation,
du vallon dans lequel on est surpris de
la rencontrer; mais, en ma qualité de
baigneur et de buveur d'eau, j'ai beaucoup d'autres détails à te donner.

Trois autres établissemens de bains
existent dans la ville. Au milieu même
de la grande rue, qui est au surplus la
rue unique, mais qui est remarquable
par sa propreté, et par les maisons fort
bien bâties dont elle se compose; au
milieu de la grande rue, et dans un
endroit où il lui a imposé la forme elliptique, se trouve le bain aujourd'hui
nommé Bain des Pauvres. On y descend
par deux jolis escaliers, l'un à l'est,

l'autre à l'ouest. Le contour de sa forme ovale forme une galerie voûtée dans laquelle sont placées des baignoires. Le dessus de la voûte forme une terrasse élevée de quelques pieds au-dessus du sol de la rue ; elle sert de promenade. Cette terrasse domine le bassin qui appartient au bain. La voussure qui le couvre est la plus hardie et la plus riche qui jamais ait surpris notre admiration.

L'astre du jour, brillant de majesté,
De ses rayons brûlans en embrase les ondes :
On dirait un volcan dont les grottes profondes
Vomissent les torrens de leur feu redouté.
On y respire à peine. En spirale formée,
 S'élève une humide fumée
 Qui, jouet des zéphirs heureux,
Va porter, échappée à leurs ailes légères,

Sur les coteaux voisins les grâces printanières
Dont, malgré Syrius, s'embellissent ces lieux.

Tu conçois, mon ami, que c'est de
la voûte céleste que je veux te parler.
Ce bassin n'en eut jamais d'autre. Tu
verras plus tard qu'il est bien déchu de
son antique dimension. Ouvrage de la
grandeur de ce peuple, devenu si petit, il a subi la destinée de ses auteurs ;
mais ce qui en reste repose sur le sol
qu'il a fondé, comme un minime à
Rome végète sur le sol orgueilleux jadis
de porter un Scipion ou un Paul Émile.
Le génie des constructeurs romains sur-
vivra dans les Vosges à ses eaux thermales.

Suis-moi. Nous voilà arrivés à l'endroit où la grande rue, large, bien ou-

verte, n'a plus que la dimension de celle dite du cul-de-sac Dauphin à Paris. Arrêtons-nous à droite, voilà le bain tempéré; à gauche, voilà le bain royal. Le premier pourrait bien avoir été établi sur l'emplacement de l'extrémité occidentale du grand bassin du Bain des Pauvres, dont tu verras bientôt que la proportion fut gigantesque. Entrons. Le bain tempéré offre un vaste bassin circulaire, au centre d'une très-grande pièce hardiment voûtée. Le bain royal sur le même modèle a quelque chose de plus remarquable. De nombreux cabinets, à l'usage de ceux qui ne veulent point user des bains communs, sont placés autour de ces vastes salles, et des chambres qui en dépendent, succursales de ces grands foyers, contiennent aussi des baignoires. Le bain neuf ou le bain royal, construit depuis dix ou douze ans, devrait se trouver, plus que les autres, en harmonie avec les besoins des baigneurs ; il ne vaut pas mieux sous ce rapport que le bain tempéré. Son grand bassin est d'une plus grande dimension, il est vrai, mais la construction de l'établissement, qui menace ruine, ne compense que trop cet avantage. Les gros murs épanchent l'eau de tous côtés, et les plafonds, que les infiltrations minent sans cesse, ont déjà tombé quelquefois. Il faut du moins leur savoir gré d'avoir suspendu leur chute jusqu'après la sortie des baigneurs.

Mais quittons la ville, et allons aux environs respirer l'air pur et balsa-

mique de la campagne. Il faut à Plombières se donner de l'exercice, il faut
replacer dans le vague des airs ce fluide
igné dont on s'est le matin imprégné,
et par le mouvement disposer ses pores
à les réabsorber le lendemain.

Me voilà parti seul avec mes souve-
nirs. Je me dirige à l'est, et je remonte
la ville qui offre à la gauche de mon
auberge une espèce de carrefour formé
par la route qui descend d'Épinal à
Plombières, et qui, garnie à mi-côte
d'assez laides maisons, peut être consi-
dérée comme son faubourg. La grande
rue de Plombières aboutit à ce carrefour,
longe l'église qui est assez bien, et se
perpétue au-delà sous le nom de route
de Remiremont. Les maisons, à partir de l'extémité orientale de la pa-

roisse , sont semblables à celles du faubourg ; mais lorsque vous avez traversé cette portion de route , une vaste , une immense promenade, longue au moins comme le jardin des Tuileries, plantée de huit rangées de beaux arbres , vous offre son abri tutélaire. Une fontaine d'eau ferrugineuse est au centre; elle est gracieusement décorée d'une grille en fer ; on descend trois ou quatre marches pour y puiser de cette eau tonique , qui peut-être ne se trouve pas très-sympathique avec des estomacs qui se sont le matin saturés d'eau à quarante degrés. J'en bus un verre et je sentis qu'il fallait s'en abstenir.

A l'extrémité de cette promenade est un pont en bois , jeté sur le ruisseau , ou si l'on veut sur la petite ri-

vière de Plombières. La fin de la promenade démasque une papeterie appar-
tenant à MM. Desgranges, les plus forts
fabricants de papiers du département
des Vosges, et dans laquelle se font ces
linceuls atlantiques destinés à enseve-
lir, sous le titre de moniteur, et les
phrases mobiles de la politique, et la
succession plus mobile des fonctionnaires élevés qui président aux événe-
mens, des fonctionnaires subordonnés
qui en profitent, ou qu'ils déplacent,
et les réputations littéraires qui s'y
perdent, au milieü des nomenclatures
judiciaires des négocians en faillite, ou
des absences juridiquement constatées.

Je suivais la route, je montais la
côte; un petit sentier s'offre à ma gauche, il me reçoit et me conduit, par

une douce contre-pente, à travers un
tapis de verdure, entrecoupé de jolis
bois, aux bords gazouillans de la petite
rivière que je venais de traverser. Quelques éclats de roche étaient étendus
dans son lit et promettaient sécurité
pour la franchir. Me voilà de l'autre
côté ; mais la rive droite de cette rivière est le pied du rocher perpendicu-
laire autour duquel elle circule ; il n'est
point de sentier qu'on y puisse fouler.
Cependant, je fais quelques pas, et je
rencontre une pierre cubique dont la
base, baignée par les eaux du ruisseau,
m'offre un siége commode. Un jeune
ormeau étend au-dessus ses bras arrondis en voûte, j'obéis à la divinité du
lieu, et je prends séance pour admirer,
dans le calme de la méditation, cette

scène agreste dont le silence n'était interrompu que par le murmure de l'onde, le bruissement des zéphirs qui se jouaient dans la feuillée, et les chants amoureux de quelques fauvettes. Ce lieu mélancolique, et qu'on a nommé le désert, exerça son influence sur mon pauvre cœur si malade, et ces accens plaintifs vinrent errer sur mes lèvres.

Vous le croyez, amans heureux,
Que ce ruisseau charmant murmure,
Enivré comme vous des traits voluptueux
Que réfléchit son onde pure :
Vous le croyez !... Prolongez votre erreur ;
Que l'amour long-temps vous caresse !
Hélas ! j'avais une maîtresse ;
Je l'aimais comme aux jours de ma première
ardeur....
Mais l'été de mes ans effraya sa jeunesse,
Et ce ruisseau pour moi murmure la douleur.

Cependant, mon ami, la faim qui n'agit pour l'ordinaire que sur les amans heureux, la faim, je l'avoue à ma honte, vint me percer de ses aiguillons. J'en imputai le prodige à l'action des eaux thermales; car on trouve toujours, dans son indulgence pour soi-même, des motifs de justification, et je quittai mon siége romantique pour revenir m'asseoir au milieu de mes gais compagnons, au succulent banquet de la Tête d'Or.

Notre vie te paraît peut-être jusqu'ici bien uniforme, mais ne te hâte pas de prononcer : lis, et tu verras que tous les plaisirs viennent concourir à faire de Plombières une seconde Sybaris. Nous avons le gai Vaudeville, l'Opéra-Comique. Nous avons des acteurs ! un orchestre ! Il faudrait, mon cher, posséder tout le talent du rédacteur de l'article spectacle du plus répandu de nos journaux pour te donner une juste idée de nos richesses en ce genre.

D'abord, il convient de dire un mot de la salle de comédie. Elle est dans une grande chambre au-dessus de la salle du bain royal. Elle serait mieux et plus convenablement ailleurs, si l'on eût pu l'installer ailleurs, ce qui fait, comme tu le conçois, qu'elle est là aussi bien qu'il soit possible.

Sur dix tréteaux, de hauteur presque égale,
Que revêtent trente ais, à peu près ajustés,
    A quatre pieds au-dessus de la salle,
S'élèvent tour à tour salon, bois enchantés,
    Que chez Simon, architecte en peinture,
        Qui ne sait brosser que du beau,

Pour quinze ou vingt sols le rouleau
Notre directeur se procure.
Chaque acteur devrait être nain
Pour la scène ainsi disposée :
Je m'attendais à ceux de Séraphin.
Tout à coup un géant, dont la perruque usée
Atteste à tous les yeux le cruel traitement
Du plafond qu'il évite et touche à tout moment,
Paraît ; puis, bravant la censure,
Faussant la rime et la mesure,
Détonne ces airs enchanteurs
Tant applaudis sur les bords de la Seine,
Provoque les ris des baigneurs
Et fait larmoyer l'indigène.

Comme les pleurs et la gaieté sont également sympathiques, et qu'il est dans ma nature de me mettre en rapport avec tout le monde, je te dirai que force m'a été de pleurer d'un œil et de rire de l'autre. Cette propriété m'a investi de la bienveillance universelle. Beaucoup de gens, mon ami, n'ont avancé ou ne se sont soutenus dans le monde que par ce moyen.

Mais revenons à nos acteurs. Il en est deux qui nous ont fait plaisir. Le premier, qui a l'emploi des Frontins, dans notre extrême pénurie, nous a semblé fort bon. Il a de l'intelligence, du feu, de la verve même, il chante avec goût et souvent avec justesse. Il a d'autant plus de mérite aux yeux indulgens de la société, qu'il n'est que rarement inspiré par ce qui l'entoure.

L'autre est la femme du directeur, premier, mais assez bon violon, et chef de l'orchestre où il est seul. Je veux t'en parler, je veux te la peindre.

C'est un Isabey qu'il faudrait
Pour te dessiner le portrait

De cette femme si jolie.
Ébahis devant la beauté,
Mes yeux ont perdu leur clarté,
Qui dans mon cœur se réfugie.
C'est là seulement qu'est ma vie,
Lorsque son éclat m'a dompté.
Cependant, pour toi qui disposes
Du trésor de mille couleurs;
Réunis des lis et des roses;
Par les trois gracieuses sœurs,
Par leur main blanche et parfumée,
Fais-les légèrement pétrir,
Et tu verras soudain sortir
De la mixtion embaumée
Les traits que je ne puis t'offrir.
Toutefois, de ce noble ouvrage
Tu feras bien de t'abstenir,
Car tu n'en pourrais obtenir,
Après tout..., qu'une femme sage.

Aussi son mari n'a pas ce luxe de
petit-maître dont brillent ses heureux

émules nés sous l'influence dorée du croissant. Son habit n'est pas précisément doublé d'affiches de comédie, mais il n'en dépose pas moins des vertus domestiques qui planent sur son modeste foyer. Sera-t-il brillant un jour ? Un mineur heureux parviendra-t-il à faire pénétrer chez lui une irrigation du Pactole?... Désirons, pour la rareté du fait, si ce n'est pour la sublimité de l'exemple, qu'il n'en soit rien. La fleur est plus suave sur sa tige que dans le mannequin de la bouquetière.

Chaque jour nouveau amène en ces lieux de nouvelles distractions. Aujourd'hui l'on va chercher et surprendre la Nature sous une forme, et demain sous une autre. J'avais visité Plombières à l'Orient, c'est à l'Occident que je vais maintenant l'étudier. Je descends la belle rue, je la suis dans sa prolongation rétrécie, mais toujours propre ; je passe devant les ateliers nombreux d'horlogers en tourne-broches, et d'ouvriers en acier qui le polissent plus parfaitement peut-être que les Anglais, si renommés dans ce genre de fabrication ; j'arrive à un lavoir commun, où l'eau chaude est plus commune et plus abondante que l'eau froide ; un peu plus loin, le tac tac d'un moulin me tranquillise sur nos moyens de subsistance à venir ; je touche enfin à la dernière maison, et c'est celle où reposent les outres dans lesquelles sont enfermés les vents qui font enfler les voiles de ceux qui lèvent l'ancre pour quitter Plombières, c'est-à-dire que c'est l'écurie de la poste.

Me voilà sous un quinconce de grands arbres, rafraîchis continuellement par la petite rivière qui s'écoule à leur droite, et luttant, par leur élévation, avec celle de coteaux verdoyans, couronnés de bois épais, dans cette portion devenue fort étroite du vallon. J'ai un instant rêvé sous ce quinconce, j'ai offert mon hommage à quelques jolies baigneuses, qui peut-être s'y amusaient de ma rêverie, et j'ai enfin débouché du bois. Quel chemin prendrai-je ? en voici deux charmans. Je m'élance sur un joli pont en bois peint en vert, et me voilà sur celui des deux chemins qui me semble le plus gracieux. Il est à la droite de l'autre. Le soleil le préfère, et il se trouve bordé d'un côté par une prise d'eau faite au-dessus du pont,

de l'autre par une prairie qui s'en va,
obéissant à une pente douce, plonger
son flanc méridional dans la rivière,
dont l'autre bord est embelli de la jolie
route à laquelle j'avais préféré mon
sentier. De l'autre côté de cette route
le sol se relève, et sa pente rapide, sur
laquelle roulent en zig zag les eaux toujours vives qui s'échappent du sommet
des monts couronnés de bois, prête aux
yeux, fatigués du jour, le doux repos
de sa verdure. Un banc, couronné d'un
bouquet d'arbres, me procura le plaisir
de la contemplation de ce suave tableau. Un banc est une invention admirable pour cette fin. Commodément
assis, dispensé par son siége de la fatigue de se supporter soi-même, on ne
jouit pas seulement du repos : on est

4.

dans la région aérienne du quiétisme. En cet état on peut passer de l'approbation à l'admiration, et, voyageur prodigieux sans quitter sa place , parcourir les régions les plus éloignées..... de l'imagination. Je te conseille d'en faire établir beaucoup dans tes jardins ; pour moi, je me propose bien d'en mettre un de plus dans le mien... où il n'y en a pas. Ce fut sans doute parce qu'il en avait expérimenté la prodigieuse utilité que Spigel, dans son docte traité de l'usage des parties du corps humain , assigne à celle dont nous nous servons pour nous asseoir le rang le plus éminent. C'est , grâce à elle , s'écrie-t-il dans son religieux enthousiasme, que l'homme (note bien que la femme en est aussi) élève son esprit aux plus pai-

sibles comme aux plus sublimes médi-
tations ; sans leurs deux coussinets na-
turels, sur lesquels ils sont si douce-
ment assis, ils n'auraient jamais, non
plus que la brute, deviné l'existence et
la majesté des dieux.

J'ai quitté mon banc, et mon sentier m'a conduit sous une vanne qui,
projetant son onde industrieuse sur une
roue, fait mouvoir trente cylindres,
où le fer en barre, introduit dans des
filières alternatives, se reproduit ins-
tantanément en fil d'archal.

Cette usine appartient au maire de
Plombières, dont la jolie maison, à
mi-côte de l'autre côté de la rivière,
ajoute aux charmes de la perspective.

J'ai été par mon sentier ramené au
chemin que j'avais négligé. Il est le

seul pratiqué désormais dans ce vallon ; la rivière en intercepterait la conti- nuité, mais un pont en pierre a neu- tralisé l'obstacle. Jusqu'au pont elle murmure à votre droite ; c'est à votre gauche que désormais, en gémissant, elle s'éloigne de ces lieux qu'elle a fé- condés.

Ce chemin, si bien bordé et toujours entretenu à merveille, conduit, par une pente douce d'abord et bientôt assez rapide, à l'ombre de bois dont l'épais- seur et la voussure vous dérobent aux feux du jour, à un banc en pierre éta- bli auprès d'un chêne dont la tête, comme le dit le bon La Fontaine, se perd au séjour du tonnerre et dont les pieds touchent à l'Empire des morts. C'est là qu'on prend haleine, car c'est le point convenu du départ pour le voyage à la fontaine Stanislas. Il faut du jarret pour y parvenir. Après une ascension d'une demi-heure, à travers un joli taillis, où des banquettes ascendantes ont été tracées, on arrive enfin à cette fontaine. Y trouve-t-on l'indemnité de son voyage laborieux?

Un rocher de huit pieds d'élévation, que la main de la nature a taillé angulairement dans sa partie saillante, est surmonté d'un beau chêne qui, agenouillé sur son sommet, élève majestueusement sa tête dans les airs. La main d'un barbare, ou plutôt une furie a appliqué sa torche incendiaire sur le genoux de ce bel individu. Son écorce, consumée jusqu'au *liber cortical*, n'a pu recouvrir cette blessure impie, et le bois, dénudé à cette place, n'a plus pour lutter contre les destructrices alternatives de sécheresse ou d'humidité, que le carbone même qui atteste l'attentat dont il fut l'objet. Ce chêne domine et couronne une petite salle de six pieds de diamètre dont on a aplani le sol, et au bas de laquelle, du rocher qui va rentrant sous lui-même, s'écoulent en se jetant dans une cuvette, non pas un ruisseau, non pas une fontaine, mais quelques pleurs, qui, réunis, n'emplissent point l'étroit diamètre d'un chalumeau. Voilà, mon ami, la fontaine Stanislas. Le roi de Pologne, à qui Plombières doit son Palais-Royal, c'est-à-dire quatre ou cinq maisons qui offrent un assez beau portique ; à qui il a dû l'émulation

qui en a renouvelé toutes les constructions ; qui lui a donné sa belle et magnifique promenade à l'Orient, son joli
quinconce à l'Occident ; le roi de Pologne a fait faire une petite cuvette en
pierre, au pied de ce rocher, pour y
recueillir le peu d'eau qui en distille.
Sans doute, il a fait une bonne action,
une œuvre douce. L'être doué de la vie,
quel qu'il soit, qui court sur les flancs
de cette montagne, y peut rafraîchir ses
amygdales desséchées ; mais ce n'est
pas, heureusement pour la Lorraine,
à ce coin de paternité qu'il a borné ses
bienfaits ; ce n'est pas non plus pour
cet objet que devaient retentir les trom-
pettes solennisant sa renommée et éter-
nisant sa vertueuse mémoire. Le croi-
rais-tu cependant ? Ce rocher, à cause

de sa petite cuvette, est surchargé d'inscriptions plus nombreuses que les gouttes d'eau qui s'échappent du rocher pendant une heure. *Non erat hic locus*, me suis-je écrié; c'était dans Plombières, dans Nancy, c'était dans Lunéville surtout, ou plutôt dans le souvenir des Lorrains qu'il fallait graver ces éloges, trop peu nombreux alors, en comparaison de l'inépuisable bonté de ce roi, qui n'était pas né pour les orages qui tonnent sur les sceptres; mais pour donner aux souverains, dont la sérénité n'est point ébranlée, la leçon sublime d'un amour éclairé des hommes et d'une application religieuse à les rendre heureux.

Tu te trompes si tu supposes que ces hors-d'œuvre vont grossir mon récit.

Ils y seraient aussi déplacés que sur le
rocher qu'ils déparent. Si l'on m'eût
demandé ce qu'il faudrait y substituer,
j'eusse donné cette inscription toute
simple et toute naïve :

> Dans nos villes, dans nos hameaux,
> Stanislas a tout fait pour l'homme ;
> Et sa bonté, sur nos coteaux,
> Fonda, d'une main économe,
> Cet abreuvoir pour nos moineaux.

Je ne passerai pas cependant sous silence la dédicace de l'une de ces longues
louanges rimées incrustées sur l'un des
flancs du rocher. Je lis :

DERNIER HOMMAGE DE STANISLAS JEAN;

Je crois que cette fontaine est le dernier des bienfaits versés par Stanislas,

sur le pays qu'il gouverna, que c'est
son dernier à hommage l'humanité ;
mais je suis dans l'erreur et la seconde
ligne me détrompe.

CHEVALIER DE BOUFLERS, A LA MÉMOIRE
DU ROI STANISLAS, SON PARRAIN.
(SEPTEMBRE, 1813.)

Je suis très-flatté d'apprendre que
M. de Bouflers a eu pour parrain le
roi de Pologne ; mais je ne vois pas trop
pourquoi, lui devant à ce titre un
double respect, il n'a pas plutôt écrit :
« au roi Stanislas, dernier hommage de
Stanislas Jean Chevalier de Bouflers, son
filleul. » La vanité tudesque de M. de
Tudertentron aurait à peine osé s'élever
à cette hauteur, et j'ai gémi de l'élan
si déplacé de celle d'un homme d'esprit, d'un Français qui fut un si rare

modèle de fine courtoisie et d'urbanité ; mais il était vieux en 1813, mon ami ; la proposition de son inscription est un rêve, et son inscription dépose de sa léthargie.

Je reviens à la ville, et je suis un sentier à mi-côte, chemin délicieux, où tous les accidens d'une nature agreste se sont réunis pour charmer le voyageur. Là, je vois d'immenses fondrières où sont entassés sans ordre de vastes rochers que la main puissante du temps a déracinés du sommet de la montagne et lancés dans le vallon. Des lichens entourent de leurs bras caressans ces masses informes, tandis que quelques sureaux, dont ils accablent les racines, élevant leur tête verdoyante au-dessus de leur front aride, le couronnent du corail éclatant de leurs guirlandes. Plus loin, c'est un vaste amphithéâtre de verdure parsemé de quelques bouquets d'arbres, avec cette intelligence de la nature que l'art réussit si peu à imiter ; ici un ruisseau qui roulait son onde paisible entre des rives émaillées, mais qui, semblable à l'homme qui fut heureux et que la fortune accable tout à coup de ses revers, voit le sol se dérober sous lui, et, brisé par les rochers sur lesquels il se précipite, roule en mugissant sa douleur dans les ravins inaccessibles que son désespoir a creusés.

Quelques laves superposées formaient de loin en loin un banc agreste, offert par la prévoyance au voyageur fatigué. J'y acceptai une place, et bientôt je me

vis ramené, par le spectacle de cette nature romantique, à ce qu'elle a formé de
plus adorable. Tu as deviné quel est
l'objet qui s'y rendit le maître de toutes
mes facultés ; oui, mon ami, le souvenir de Cynthie y vint dilater mon cœur ;
et, dans le transport d'amour et de désir
dont je me sentais agité, me supposant
auprès de toi, je t'adressai cette prière
que les zéphyrs ont emportée :

> Je veux ennoblir tes pinceaux ;
> Viens, écoute, élève d'Apelle ;
> Laisse Neptune au sein des eaux,
> Apollon soignant ses troupeaux ,
> Ou suivant l'Aurore cruelle,
> Qui le fuit jusque dans les flots.
> Fais le portrait d'une mortelle.
> Dans une idéale beauté,
> Si tu sais trouver ton modèle ,
> Fais-moi bien ressemblante celle

Qui m'a ravi ma liberté.
Donne-lui du dieu de Cythère
A peu près deux fois la hauteur,
Un peu d'embonpoint, la fraîcheur
Dont brille une nymphe légère,
Des cheveux noirs, longs et touffus ;
Donne-lui le teint de Vénus ;
Que sa bouche soit une rose ;
Qu'une abeille vienne y bruir ;
Qu'elle veuille l'épanouir,
Et, sans l'offenser, s'y repose.
Observe surtout que deux rangs
De nacre, d'ivoire ou d'albâtre,
Offerts par un souris folâtre,
Y portent l'ivresse en mes sens.
Ses sourcils seront de l'ébène ;
Qu'ils soient prononcés sans excès.
Ses yeux.... Malheureux ! ferme-les,
Ils ont causé toute ma peine.
Pourtant si tu peux exprimer
L'esprit, la douceur, la finesse,
La grâce, la délicatesse,

Tout cet art de se faire aimer,
Ouvre les yeux de ma maîtresse.
Cynthie ! oh ! voilà ton portrait ;
Voilà bien celle que j'adore....
Hélas !... rien ne lui manquerait,
Si de ce feu qui me dévore
Une étincelle l'animait.

Cette triste réflexion m'a rendu à moi-même, et j'ai hâté le pas pour ressaisir, au milieu de la société, le dictame qu'elle offre par fois à ma blessure.

J'avais donné à cette promenade fatigante le jour du repos, c'est-à-dire le dimanche. Ce jour est vraiment à Plombières le jour du soleil. Les plus éclatantes toilettes sont réservées pour la messe de midi. Deux cents femmes y luttent de charmes et surtout de parure. Les douairières ne le cèdent, sur ce dernier article, à aucune de celles qui embellissent des grâces du jeune âge et de la suavité de leurs formes les tissus élégans qui en dessinent les contours. Tu conçois l'onction que communique la vue d'une semblable réunion : elle porte d'heureux fruits. Si la prière y perd un peu de sa ferveur, l'amour du prochain y devient plus énergique, et la bourse des pauvres qui vous est offerte par un bras d'albâtre, et que l'amour a moulé, finit par accabler de son poids la jolie main de la plus jolie trucheuse qu'on puisse rencontrer. C'est peut-être à cette belle quêteuse que je dois imputer ma rêverie de la montagne ; car ce fut en sortant de la messe que j'allai visiter la fontaine de Stanislas.

Il n'y a point spectacle le dimanche, parce qu'il y a bal. On s'y rend entre sept et huit heures. On s'en retire à dix, car on est fort rangé à Plombières. Ce n'est qu'à la messe et au bal que les baigneurs se réunissent. Jadis un fermier des jeux venait ici y mettre à contribution la cupidité oisive, l'ennui, et la téméraire curiosité ; sa présence était funeste ; mais

> De biens, de maux l'univers se compose.
> Du sein du mal naît le bonheur ;
> Du bien s'engendre la douleur,
> Et l'un de l'autre ils sont effet et cause.

Du moins alors les baigneurs se fréquentaient, de douces communications s'établissaient entre eux ; et le jeu, invention si fatale, avait pour lui cette

excuse qu'il provoquait une douce familiarité. La salle de réunion existe
toujours, mais elle n'est plus fréquen-
tée, le dimanche soir excepté, que par
ceux pour qui la triste lecture des journaux a des attraits. Les nobles soutiens
de l'oligarchie, qui ont des rhumatis-
mes comme moi, vont y puiser dans le
Drapeau-Blanc ou la Quotidienne l'a-
liment journalier de leurs prétentions ;
le plébéien, dans le Constitutionnel
ou le Courrier, la justification de sa
noble fierté ; et ces élémens dispa-
rates, d'autant plus actifs que les am-
bitions inverses sont plus exaltées,
condamnent à de fort ennuyeux *a parte*
des hommes aimables, des femmes
charmantes, dont l'union et le mélange feraient, du séjour fastidieux des

eaux, un lieu de joie et de délices.

Je connais Plombières, j'ai parcouru son vallon, ses coteaux, ses bois, la ferme à Jacot, si pittoresquement assise sur le flanc boréal de la montagne, et bornée à sa gauche par la route de Plombières à Luxeuil. J'ai gravi les degrés rustiques, ou le sentier creusé jusqu'à la roche qui y conduisent ; j'ai respiré la fraîcheur à l'ombre de ses bois et de ses allées, un peu déparées par quelques prétentions à la symétrie ; ils me reverront, j'irai sommeiller un jour sous leur tutélaire abri, car ce n'est qu'en sommeillant que l'homme jouit de quelque bonheur ; mais aujourd'hui je fais une excursion lointaine, et c'est à Remiremont que je te conduis.

Un char attelé de deux coursiers, ra-
pides comme l'éclair, est le frêle dépo-
sitaire de ton ami, que les inégalités du
chemin font sauter dans les airs, mais
verticalement pour son bonheur, et
qui, fidèle à ses habitudes, retombe
toujours à la même place ou à peu près.
J'arrive ainsi à une demi-lieue du but
désiré, sans avoir eu le loisir ou plutôt
la faculté de faire connaissance avec la
campagne. Le peu que j'en ai vu m'a
souri, mais tout à coup un vent d'ouest
impétueux a tourbillonné dans la vallée que nous courons, et un fleuve
aérien, qui roulait sur ses ailes, s'est
déversé sur nous. De longs éclairs ser-
pentent au milieu de ces mille torrens, et le vallon retentit des mugis-
semens prolongés de la foudre qui a

frappé les cimes chenues de montagnes
dont le front se perd dans les nues. J'é-
tais de quart sur notre esquif, mon
ami, ou plutôt nous voguions sur un
bâtiment qui n'était pas ponté ; point
de capotte de cabriolet sous l'abri de
laquelle nous pussions braver ce dé-
luge. Heureusement le temps redevint
serein à l'instant même où nous en-
trions dans la ville, c'est-à-dire que ma
bonne fortune vint, comme à l'ordinaire, à mon secours après le danger.

Un grand feu a bientôt vaporisé l'humidité dont nous étions pénétrés ; et
remis, ou à peu près, en bon état, nous
avons promené nos regards curieux sur
ce qui, dans Remiremont, en était
digne. La ville est grande, les maisons n'y ont point d'élévation , les

rues en sont propres et bien percées.
Tout cela est vu en un clin-d'œil ;
mais ce qui mérite l'attention de l'homme sensible, son hôpital, a long-temps
occupé nos regards. C'est la douce charité, la tendre prévoyance qui en
ont disposé l'économie : la propreté la
plus exacte règne partout, et l'abondance, sans profusion, en a fait le sanctuaire de la vraie piété : celle qui se
complaît à verser le bonheur sur les
hommes, et l'asile sacré de la reconnaissance.

Derrière l'hôpital est le Calvaire, il
est établi sur un mamelon fort élevé;
je m'y laissai conduire, parce qu'on
m'assura que sur ce rocher la vue embrassait un magnifique horizon; je le
crus, et je regrettai bientôt la fatigue

de cette ascension. La mysticité avait
pratiqué cette ruse pour nous forcer de
rendre à la croix un culte en plein vent.
Cela me déplut, car je venais de m'ac-
quitter de mes devoirs d'infiniment petit, en présence de la Divinité, dans
la riche et gracieuse église des dames du
chapitre, qui sert aujourd'hui de pa-
roisse, et qui m'avait rappelé les élégantes églises de l'Italie. Du sommet de
ce mamelon, j'avais observé un pont
en bois qu'on vient de jeter sur la Moselle, aux sources de laquelle nous tou-
chions. Voilà, dis-je à mon guide, l'é-
tablissement utile, l'institution d'une
administration vraiment paternelle,
vers laquelle vous deviez diriger mes
pas : hâtez-vous de m'y conduire. Nous
voilà sur le pont; sa solidité dépose

du mérite de l'ingénieur qui l'a construit. Il est en bois, mais il bravera l'ef-
fort de bien des années. Mes regards se
portent vers les monts qui déversent le
torrent alors paisible qu'on nomme la
Moselle ; et un immense amphithéâtre de
montagnes entassées les unes au-dessus
des autres, et dont les plus éloignées,
dans le fond de ce tableau immense,
par l'effet d'un mirage magique, empruntent la teinte bleue du ciel dans
lequel elles projettent leurs fronts uni-
versellement dépouillés, semble le chaos,
disposé par une main puissante, pour
servir de théâtre à ce jugement terrible
que le dieu de bonté qu'on nous peint
cependant inexorable doit un jour porter sur les hommes. Ce spectacle majestueux m'imposa, mais je me ressou-

vins à propos que je suis petit dans
l'ordre social, que ce sont les petits que
l'homme-dieu a couverts de sa divine
égide, qu'il n'a réservé que pour ceux
qui prétendent à la suprématie les trésors de sa sévérité ; et la quiétude est
rentrée dans mon âme. Nous avons sa-
lué avec respect cette admirable et im-
posante perspective, et nous sommes
revenus nous délasser à la table de la
Tête-d'Or de cette course intéressante,
mais un peu laborieuse pour des con-
valescens.

La fatigue d'hier ne m'a pas aujour-
d'hui permis de quitter la ville. Tu vas
croire que ma journée a été perdue ; je
veux bien vite te détromper. J'ai passé
une heure sous les arcades ; on nomme
ainsi le portique qui forme le devant

des maisons que le roi Stanislas a fait
construire. Sous l'une de ces arcades est
un renfoncement de six pieds de pro-
fondeur, sur huit de largeur, en contre-
bas d'un pied et demi. Il est pendant la
nuit fermé par une grille en fer. Là,
sont deux robinets d'où s'écoule continuellement une eau thermale, dont la
chaleur est à 4o degrés. Une cuvette la
reçoit, et par un conduit souterrain la
porte, je crois, au grand réservoir du
Bain des Pauvres. Du pilier de l'arcade
qui fait face à cette fontaine d'eau
chaude, jaillit perpétuellement dans la
rue une eau fraîche et limpide, qu'on
dit savonneuse, parce que les matières
glaiseuses, sur lesquelles elle roule probablement, la rendent moëlleuse au
toucher. Elle est au surplus d'une qua-

lité excellente : la Nature semble l'avoir
exprès amenée pour tempérer par son
usage l'agitation qui naît quelquefois
de celui des eaux thermales.

L'on a suspendu au-dessus des deux
robinets d'eau chaude un grand Christ
à la gauche duquel est une inscription
en vers latins, tandis qu'à sa droite,
pour la plus universelle intelligence,
est sa version en français. Elle exprime
que ces eaux, dont a bu César, sont un
bienfait de la religion apportée aux
hommes par le Sauveur du monde. Tu
sais avec quelle soumission ma foi modeste adopte toutes ces pieuses indica-
tions, et tu dois croire qu'en m'assi-
milant dix ou douze verres de l'eau du
crucifix, je m'enivrais des sentimens chré-
tiens d'une respectueuse reconnaissance.

En dépit de ma ferveur, ou peut être éclairé par elle, je ne tardai pas à m'affliger de voir la propreté exclue de cet asile. Sa disposition est telle en effet que l'eau versée hors de la cuvette, et l'on puise continuellement à ces sources, n'a aucune espèce d'écoulement. Cette eau qui stagne et qui délaye les poussières que les buveurs amènent avec eux, engendre un ferment délétère dont on se plaint avec raison.

Mais ce n'est malheureusement pas tout. On boit dans les bains par préférence l'eau dite du crucifix, parce que sa température moins élevée est plus homogène à notre nature, et je lui trouvai aujourd'hui, puisée par moi à sa source, une saveur nauséabonde que je n'avais pas jusqu'alors remarquée. Il

me faut, ainsi que tu le sais, la raison
de tout, et comme je n'avais rien de
mieux à faire, je m'occupai de recher-
cher les causes de cette variation. Elle
n'est point, mon ami, un phénomène :
elle est l'ouvrage de l'imprévoyance et
de l'apathie. Cette précieuse fontaine
n'a pas toujours coulé sous l'influence
du signe de la rédemption. Avant Stanislas, il n'existait point de construction à la place occupée par elle ; la ville
commençait à peu près à la hauteur de
l'orient du Bain des Pauvres, et elle se
composait des maisons qui en environ-
naient la grande ellipse.

Alors la fontaine du crucifix portait
le nom de fontaine du chêne, parce
qu'un chêne respecté par les siècles s'é-
tait assis et élevé sur sa source. Stanislas

vint apporter sur la Lorraine l'influence de ses vertus que l'oligarchie
polonaise n'avait pas su apprécier, et
les villes, et les bourgs, et les hameaux
de son obéissance se virent appelés à
une nouvelle vie. Il voulut agrandir
Plombières, ce rendez-vous si fréquenté
des misères humaines! Le chêne antique qui avait si long-temps couvert
de son ombre ces sources précieuses, et
toujours pures alors, vit la hache à ses
pieds et balança pour la dernière fois
dans les airs son front majestueux. De
belles maisons vont aller occuper sa
place.

La fontaine offrait le phénomène de
deux émissions d'eau thermale d'une
inégale chaleur ; l'une venait du nord
ouest, l'autre du nord-est, et leur foyer

était cependant fort rapproché. L'analyse avait révélé leur homogénéité, et
leur réunion fut jugée sans inconvé-
nient. Il fallait isoler leur réceptacle ;
Stanislas, si prévoyant, le voulait ;
mais quel est le souverain ponctuelle-
ment obéi dans ce qu'il commande pour
le bonheur des hommes? Ce sont les
mesures oppressives ou tyranniques qui
jouissent du désastreux privilége d'une
exécution sans bornes. Au mépris de
ses ordres, les deux sources sont con-
damnées, par ses ingénieurs, à porter
leurs eaux sous les constructions qu'ils
élèvent. La plus chaude reçoit une issue
sous les dalles d'une cuisine, l'autre
sous la conduite de la fontaine froide
d'eau savonneuse, et elles arrivent ainsi,
déjà si singulièrement molestées, à un

château d'eau-commun dont le dessus , qui , comme le sanctuaire où reposait l'arche de l'alliance, ne devrait être foulé que par le chef des lévites, est prostitué par l'établissement sanieux d'un cabaret et d'une tabagie.

Pourquoi ces sources exhalent-elles, le samedi , le dimanche matin, cette odeur balsamique si bien appropriée à notre nature ; pourquoi, pendant les deux jours qui leur succèdent, inspirent-elles le dégoût à leurs plus zélés adorateurs ? L'intérêt , toujours ingénieux pour sa défense, prétend que le ciment de la toiture du château-d'eau a été fait avec un soin si parfait qu'aucune infiltration n'est possible. Quelle vanité déplacée ! lorsqu'on construisit le bain neuf, jadis le bain des Ladres, et qu'on

a nommé le Bain Royal, quoique si peu
digne d'un si noble titre, on a trouvé
d'anciennes conduites, ouvrage des Romains. Leur indestructible ciment avait
cédé à l'action incessante de ces eaux
gazeuses qui s'étaient ouvert des issues
dans ces prétendues imperméables ca-
naux ; et l'on veut que nos constructions de Pygmées, destinées à vivre un
jour, soient à l'abri des décompositions
auxquelles n'ont point échappé celles
de ces géans qui ont si puissamment
lutté contre la main destructive du
temps !

Il en est, mon ami, des eaux de la
fontaine du chêne ou du crucifix, comme
de toute autre chose ; la Nature, bonne
et prévoyante, nous offre partout des
biens purs comme elle ; et partout la

main indiscrète de l'homme en atténue
ou en corrompt la pureté.

A propos, je ne t'ai point donné l'a-
nalyse de ces eaux. Tu sauras donc
qu'elles sont, selon M. Vauquelin, une
combinaison de carbonate de chaux et
de soude, de sulfate de soude, de sel
commun, de silice et de gélatine. On
leur accorde des propriétés singulières,
et particulièrement celle de resserrer
les liens de la si douce union conjugale,
en lui procurant une bien heureuse
fécondité. Aussi beaucoup de jeunes
épouses rendent-elles à nos sources un
culte pieux; et elles ont raison : car
l'expérience a consacré les vertus spé-
ciales de leurs eaux. Tu peux en juger
par une lettre de Bar-sur-Aube que
m'apporte le courrier d'aujourd'hui;

voilà ce qu'on m'y raconte de l'entrevue
de l'une de nos jolies baigneuses, qui,
après six semaines ou deux mois de séjour à Plombières, s'était enfin hâtée
de se rendre auprès de son mari, excellent Champenois et gros fabricant de
bonnets de coton.

Hé bien! que penses-tu du séjour de Plombières?
   Ma jeune amie, enfin te sens-tu mieux?
   Oui, je revois et les grâces légères,
   Et ces éclairs que n'avaient plus tes yeux.
   Ton embonpoint... — En effet, lui dit-elle,
J'éprouve de ces eaux un bien prodigieux.
J'ai cherché la santé dans leur source fidèle,
   Et j'en ai rapporté pour deux.

J'ai joui pour cet heureux ménage du
bonheur qu'elle y a ramené; mais j'ai
bientôt gémi sur moi-même. L'action

des eaux a-t-elle dérangé l'équilibre de mes humeurs? leur dois-je imputer la fièvre qui me saisit? ou dois-je en accuser l'orage dont j'ai été battu dans la route de Remiremont? Quoi qu'il en soit, me voilà malade; et ma position, sans suivans, sans ami, ajoute l'inquiétude que donne l'isolement au mal physique dont je me sens accablé. Le bon et obligeant M. Grondal, le maître de l'hôtel. de la Tête d'Or, est aux champs; et, dans son hospitalière sollicitude, il me visite dix fois en un jour; mais la fièvre, qui ne le craint point, ne m'en flagelle que plus cruellement. « Nous avons, me dit-il, ici deux médecins imposés aux baigneurs en qualité d'inspecteurs des eaux; voulez-vous que je vous les amène? — Deux

médecins, mon cher Grondal! il n'en
faut qu'un pour lancer un homme dans
l'éternité ; avez-vous la prétention de
me faire aller au-delà ? » Je vis que
j'avais affligé sa sensibilité, et, repre-
nant ce ton d'urbanité qui sied si bien
à tout le monde, mais surtout à celui
que sa faiblesse place dans une dépen-
dance absolue : « Non, lui dis-je, je ne
me sens pas disposé à me confier à vos
deux médecins; il m'a semblé qu'ils le
sont trop. Si vous étiez assez heureux à
Plombières pour posséder le trésor qu'on
rencontre assez fréquemment à Paris,
je veux dire un médecin qui ne le soit
pas, je me livrerais aveuglément à sa
direction. — Nous avons, me dit-il, un
médecin qui est né dans notre ville,
qui a fait son éducation à Strasbourg

et à Paris, et qui, revenu dans ses foyers, partage son temps entre les pauvres de nos campagnes, auxquels il donne ses soins et quelque chose en sus, et son encrier. — Il s'est dévoué aux pauvres! eh! mon cher monsieur Grondal, c'est là le médecin qu'il me faut. — Mais je dois vous dire que les propriétaires à Plombières n'ont jamais pu se persuader qu'il fût un homme de mérite. — Vos habitans de Plombières ne sont que des Nazaréens : pour nous, Parisiens, il nous importe peu qu'un médecin soit né dans nos murs, ou chez vous; nous l'apprécions en raison de sa science et de sa charité; allez, je vous en conjure, solliciter en ma faveur l'humanité de ce galant homme ; dites-lui que je ne suis pas un pauvre; mais le voyageur qui, malade, se trouve seul, et à plus de cent lieues de ses foyers, est plus à plaindre que l'indigent qui souffre dans les siens. Dites-moi, je vous prie, quel âge a-t-il? — A peu près quarante ans. — Allez, allez bien vite : votre médecin, qui s'est si généreusement condamné à une laborieuse obscurité, a été l'élève de ces grands maîtres dans le premier des arts utiles, qui ont, en France, élevé la médecine à une hauteur telle que l'Europe entière, qui envoie ses fils assister à leurs leçons, les voit revenir avec orgueil enrichis des trésors de leur doctrine.

Un instant après, monsieur le docteur Jacquot m'avait touché le poulx, et tranquillisé. La confiance dans le médecin, mon ami, est la moitié au moins du chemin qui mène à la guérison : la mienne avait été conquise au docteur par mon entretien avec mon hôte, mais plus intimement par cette modestie qu'un homme, qui ne réfléchit pas, suppose naître de la défiance de soi-même, et que moi, qui sais m'imposer la tâche de juger, je reconnus être le cachet du mérite.

Je le revis une seconde fois dans la journée. La diète, la douche ascendante réitérée d'eau savoneuse, me rendirent quelque énergie ; et, comme mon état d'isolement pouvait ramener la perturbation, que ses soins avaient dissipée, le lendemain il me procura la douce distraction de l'intérieur de son ménage. J'avais été l'objet de sa

sollicitude ; j'y fus celui des bontés
affectueuses de son excellente femme,
sœur de MM. Des Granges, et co-pro-
priétaire des riches papeteries des Vosges. Bientôt, plus heureux que je ne
pouvais l'espérer, devenu le commensal
de la maison, je me trouvai le maître ,
comme lui, de sa bibliothèque intéressante et de toutes ses richesses littéraires.

Vois-tu l'avidité avec laquelle je me
précipite sur ces trésors ! oui , mon
ami , trésors plus précieux que ceux
que roule le Pactole ; ceux-là engen-
drent la haine et la dureté du cœur ;
ceux-ci l'amollissent et polissent les
mœurs. Depuis mon départ de Paris , je
n'avais vu de livres que ceux que nos
belles portent à la messe de midi , et

au dessus desquels se promènent leurs yeux assassins. Aussi, en entrant dans la bibliothèque du docteur Jacquot, m'é-criai-je avec Voltaire :

Les livres ont tout fait, et, quoi qu'on puisse dire,
Rois, vous n'avez régné que lorsqu'on a su lire.

Mon œil curieux a parcouru tous les rayons, et un instant m'a suffi pour loger dans ma mémoire et le catalogue de ses livres, et le classement qu'il en a fait. Sur l'appui de la bibliothèque, un carton, intitulé, *Recherches sur Plombières*, a fixé mon attention, et donné un terme à mon exploration un peu vagabonde ; je l'ouvre : il contenait les recherches savantes du docteur sur la statistique du pays, sur son histoire

politique et physique, sur sa minéra-
logie, sur ses sources précieuses, sur
leurs propriétés, enfin sur la manière
d'en user utilement. Toutes les sciences
naturelles lui avaient prêté leurs se-
crets pour parler convenablement de ce
pays, si digne d'elles ; et la langue des
bords de la Seine y répandait cette
grâce et cette facilité dont Fontenelle
donna le premier exemple en rendant
intelligible et attrayante, pour le beau
sexe, la science, jusqu'à lui épineuse,
de l'astronomie.

Le docteur avait trouvé jadis, à Paris,
dans la bibliothèque de l'École de Médecine, un billot latin, imprimé à Venise en 1553, ayant pour titre : *de
Balneis omnia quæ exstant apud Græ-
cos, Romanos et Arabas.* Enfant de

Plombières, il y chercha ce qui pouvait s'y rencontrer sur son pays, et sa bonne fortune lui fit découvrir un petit poëme latin en vers phaleuques, de Joachim Camérarius, qui, sans lui, serait peut-être long-temps resté enseveli dans le respectable in-folio.

Ce Camérarius, qui vint au monde en 1500, à Bamberg, philologue très-distingué, et né pour embrasser toutes les sciences, s'était rendu également célèbre par ses vastes connaissances en histoire, en politique, en mathématique et en médecine; il était recteur de l'université de Leipsick lorsqu'il mourut en 1574. Il avait fait une chute et subi le supplice d'une fracture dans le col du fémur, et, pour confirmer sa guéri-son, s'était rendu aux sources de Plombières. Sa gravité scientifique , qui s'y était déridée , avait éternisé par ce petit poëme , dont le docteur Jacquot avait relevé une copie , le souvenir de son voyage.

En voici le texte , et la version que j'en ai faite ; tu y verras qu'à Plombières rien depuis lui n'est changé , que les localités. Je t'ai donné en tête de cette lettre un calque que j'ai fait sur ce volume , qu'on m'a depuis procuré , de la gravure en bois représentant l'état de Plombières dans la première partie du seizième siècle ; elle s'y trouve en tête de ce poëme.

DE

THERMIS PLUMBARIIS ,

JOACHINI CAMERARII.

In thermas Vogesi jugi profectus,

Plumbi nomine quas solent vocare ,

Mersi me liquidam statim in paludem ,

Divæ numine fultus illius , qua

Fretus navita transfretare fluctus

Insani maris audet , et furentis

Sævas despicere Africi procellas.

Et mercator ad ultimos abire

DES
THERMES DE PLOMBIÈRES,

DE JOACHIM CAMÉRARIUS.

A peine arrivé aux thermes qu'enceignent les montagnes des Vosges, et qu'on est convenu de nommer eaux plombées, j'invoquai la divinité puissante sous les auspices de laquelle le nautonier, se confiant à l'infidélité des flots, brave à la fois et les Sirthes de l'Afrique et ses vents courroucés : je l'invoquai, semblable au marchand qui s'élance, ambitieux, tantôt affrontant les feux éternels de Syrius, tantôt les glaces amon-

Indos non dubitat, proculque terras
A nostro sequitur polo remotas :
Hæc lactat miseros, jubetque vitam
Morbis debilitatam, egentem, inertem,
Ærumnis, senio; dolore fractam,
Conservare tamen. Crucem hæc ferentes
Vitâ denique deserit peremptâ :
Illa et nos levat, a domo atque nostris,
Carâ conjuge liberisque caris,
Tam sese procul usque persecutos
In rupes Vogesi inviosque montes,
Præclarissima diva, spes ,, dearum.

celées de l'Ourse, et je me précipitai dans les ondes.

Déesse bienfaisante ! Tu caresses le malheureux ; tu ranimes dans l'être épuisé par la souffrance le flambeau presque éteint de la vie ; tu rends à la douloureuse humanité le courage de supporter l'indigence, le besoin, les afflictions, la vieillesse, et l'assaut incessant de toutes les infirmités. Ce n'est qu'alors que notre heure suprême a sonné que tu mets un terme à tes bienfaits. O la plus noble des déités ! divine Espérance, c'est toi qui nous enlèves à nos Lares, à nos Pénates, à l'épouse que nous aimons, aux tendres fruits de nos amours ; c'est toi qui nous fais franchir les distances qui nous en séparent, et qui, à travers des rochers, vieux enfans de la terre, nous élèves au-dessus de ces monts, ceinture nébuleuse des Vosges.

8.

Sed quæ vita sit his locis, requirit
Si quis forte, mei docere versus
Tentabunt, faciles, leves, jocosi,
Ut res est quibus applicantur illi.

Primum valle lacus patet recurvâ
Diversoria quem undequaque cingunt,
In quo fæmina, vir, puer, puella,
Pauper, nobilis, eruditus, infans,
Et tardus senio, et levis juventà,
Quique est integer, et cicatricosus,
Quique et saucius est et ulcerosus,
Sanus, morbidus, universi eodem
Undæ membra fovent lacu calentis.
Quem circum paries datus coercet,
Passus qui bis habet fere ducentos.

Hic sub frondifero est videre tecto,
Consedisse pecuniosos,

Mais à quelles habitudes nouvelles faut-il dans ces lieux s'assujétir ? Ma muse, enjouée comme les choses qu'elle va chanter, ma muse légère et facile va vous l'apprendre : écoutez.

Au centre d'une profonde vallée est un vaste bassin de toutes parts entouré d'hôtelleries. Là, femmes, hommes faits, jeunes gens, vierges tendres, pauvres, nobles, savans, illettrés, vieillards engourdis, jeunesse ardente et légère, fracturés, dispos, blessés, ulcérés, sains et moribonds, sont réchauffés de la même chaleur, et caressés de la même eau, renfermée dans l'enceinte d'un mur dont le pourtour peut être de deux fois deux cents pas.

Un berceau de verdure y offre toutefois aux enfans de Plutus un réduit privilégié ; la barrière en est ouverte à qui vient d'acheter le droit d'y pénétrer. Pour la foule ,

Conductis pretio locis soluto.

Quæ magna undique turba circum adhæret,

Furcis nisa, et ad usque mersa mentum.

Necnon per vitream vagans paludem ,

Molem et corporis et gradus labantes

Furcatis vehitur regens bacillis ,

Omnis conditio, ordo , sexus , ætas.

Multi et per medium lacum natantes

Supra fluctivagas feruntur undas,

Hic stans eminet usque ad umbilicum ,

Ille in gurgite se subinde mergit.

At qua fons scatet æstuans in ora ,

Et labrum prope saxeum paludis ,

Effætique senes , anusque siccæ ,

Nigrum , debile , flaccidumque vulgus ,

Exanguis , tremula , invenusta turba ,

Obsessu loca pertinace servat.

une partie est adossée aux parois du bassin,
appuyée sur des fourches ; elle est plongée
dans les eaux jusqu'au menton, tandis que
l'autre, dans la confusion des rangs, des
dignités, des sexes et des âges, vogue au
milieu de l'onde tourmentée, en assurant
ses pas chancelans sur des bâtons dont la
poignée est recourbée. Un grand nombre
s'élance en nageant sur la surface du lac ;
celui-ci, qui s'y tient debout, n'est atteint
par les eaux que jusqu'à la ceinture ; celui-là, plongeur intrépide, disparaît mo-
mentanément sous les flots.

Cependant, à l'embouchure de la source,
à l'endroit de sa plus énergique chaleur,
s'est groupée la foule des hommes épuisés,
des vieillards, des femmes décrépites. Cette
populace sèche, noire, débile, flétrie, dé-
colorée, tremblante et malencontreuse, s'y
tient obstinément attachée : l'onde pure est

Cujus fons animæ gelu tepescit
Pura et sordibus inquinatur unda.

At pulchræ, nitidæ, venustæ, amenæ,
Formosæ, cute splendida , elegantes ,
Ridentes , Paphiæ nurus, puellæ ,
Nutricum tenus e lacu eminentes ,
Pectus lineolo super chitone
Velatæ niveum et sinus patentes ,
Reddunt omnia luculenta visu ,
Contactuque suo lacum serenant.
Quarum triste oculis renidet æquor,
Et turbata hilarescit unda vultu.
Illæ per mare complices vehuntur
Ingressuque meant saliciore.
Flagrant lumina , pupulæ relucent ,
Malæ purpureo nitent colore ,
Buccæ Puniceo micant rubore.

Tales parvula comparare magnis

souillée de son souffle et de son contact im-
mondes.

Mais plus loin les vierges brillantes de
jeunesse, de fraîcheur et de grâces, belles,
éclatantes comme la neige, élégantes, sou-
riant comme Vénus, dont elles reproduisent
les charmes, promenant au-dessus des flots
leurs seins arrondis par l'amour qu'un lin
jaloux voudrait dérober, appellent les regards voluptueux, et par leur présence ont
rasseréné les eaux. Le lac attristé se réjouit
de leur éclat, et l'onde troublée se revivifie
en le reflétant. Grâcieusement entrelacées,
elles folâtrent au sein des ondes, qu'elles
émeuvent par leurs voluptueux balance-
mens; les éclairs jaillissent de leurs yeux;
l'incarnat de la rose a divinisé leurs joues,
et le corail de la grenade a donné à leurs
lèvres le feu ravissant de sa couleur.

Telles, s'il est permis de mettre en

Si fas est, Galatea, te sorores
Circum Nerea congregatæ in alto
Stipant, marmoreos secantque fluctus,
Nexæ brachia candida, at meatu
Fluctus Carpathii reciprocantur,
Et cedunt tamen obviis deabus
Sulcos lacteolæ imprimunt papillæ,
Inoüs latus et femur Palæmon,
Et Glaucus comes implicant utrinque,
Tritonesque sonora flabra conchis
In fluctum æquoris inque littus ædunt.

Has inter fuerit libido si cui,
Uti conditionibus licebit
Diversis, neque enim modi unius, nec
Gentis sunt vitreo in lacu puellæ.
Nec tantum intereunt viros diurnæ,
Sed noctu quoque cominus feruntur.
Talem vitam hominum fuisse credo,

comparaison des mortelles avec des déesses,
telles tes sœurs, divine Galatée, environnent Nérée de leurs groupes gracieux, et de
l'ivoire de leurs bras, fendant autour de lui
les flots émus de la mer Carpatienne, qui
cèdent à leurs efforts divins, mais re-
viennent plus amoureux caresser les roses
de leur sein : Mélicerte, Palémon et Glaucus
les accompagnent, et les Tritons font retentir les échos des rives lointaines des sons
bruyans de leurs conques que les eaux ont
prolongés.

Au milieu de tant de belles votre cœur
a-t-il été percé de quelque trait ? osez en
soupirer devant celle qui vous blessa. Elles
ne sont point du même rang, et la même
patrie ne les a pas vu naître. Le jour ne
vous les a pas montrées cruelles, et les
crêpes de la nuit n'imposent point à leur
sensibilité. Telle fut, je crois, la condition

Te Saturne tenente regna mundi.

Talis nunc quoque vita belluarum

Sylvæ est, optima vita, sub latebris,

Quæ per gramina liberæ vagantur

Nullis legibus, aut necessitate

Adstrictæ, sine jure, more, ritu.

In cætu hoc igitur locoque tali

Hic clamat, canit ille, ridet alter,

Alter mussitat, alter acquiescit,

Hic tussit, screat ille, ructat iste,

Iste emungitur, aut spuit, scabitve

Squamosum e cute corticem strigosâ.

Est et qui queritur, dolet, gemiscit.

des premiers mortels, lorsque Saturne faisait filer pour eux ces jours d'or et de soie :
et telle est encore aujourd'hui la vie heureuse des hôtes des bois : ils y vaguent sans
autres lois que leur instinct, ils n'obéissent
qu'à celles de la nature ; ils ne sont point
courbés sous le joug conventionnel du droit,
de la coutume ou de l'usage.

Dans ce bassin, toutefois, l'un élève la
voix, et fait entendre des sons modulés,
l'autre s'abandonne aux ris ; celui-ci parle à
demi-voix à celui-là qui l'approuve ; ici vous
êtes fatigué d'une toux sèche ; là votre cœur
bondit au son d'une toux que la sécrétion
des poumons a nourrie ; plus loin un esto-
mac gazeux vous fait entendre ses inharmo-
nieuses et cyniques crépitations ; on se
mouche, on expectore, on gratte les écailles
de sa peau excoriée ; à votre droite on
souffre, on se plaint, on gémit ; à votre

Quidam laudat aquas, docetque quanto
Parvo tempore sit malo levatus.
Ostenditque manum pedemve læsum.
Quidam nil sibi profuisse dicit,
Sævusque immeritam execratur undam.
Ast parte ex alia, cibus petenti
Aut potus datur; aridæque fauces
Sub limphæ irriguo eluuntur amne,
Quæ de vertice ducta montis alti
Mille a passibus et fere trecentis
Æstum mitigat igneumque flumen.

Extra sed domibus lacum sub ipsis
Potant, aut epulantur, aut choreas
Lætantes agitant. Ibi quiescit

gauche on exalte les propriétés des eaux , on raconte les miracles de la rapide guérison qu'elles ont procurée; on offre à votre admiration les pieds ou les mains dont elles ont restitué l'usage ; derrière vous ces mêmes eaux par un malheureux qu'elles ne soulagent pas sont chargées de toutes les malédictions ; et, de tous côtés, des baignans, dont les eaux ont éveillé l'appétit , s'y font servir des alimens. Mille coupes , brillantes du cristal mobile d'une onde savoneuse , descendue du sommet le plus élevé des monts , amenée par un conduit d'environ treize cents pas , circulent et rendent la fraîcheur aux lèvres de la multitude que ce lac igné a desséchées.

Hors du bassin , dans les maisons qui l'environnent, on s'assied à de joyeux banquets, et la gaieté inspire à ses adorateurs et les chants mélodieux et les danses gracieuses.

9.

Et summum capit ille fessus. Alter

In sylvas abit et nemus propinquuum,

Ortus per juga fontiumque quærit.

Est qui languidus expetit salutem,

Atque æger medicam manum requirit.

Est et qui moritur, foràsque fertur

Hæredem monachum miser relinquens.

Hæredem omnibus execrabilem, et qui

Hæres legïtimus suusque, quodam,

Cujusque est, veteri loci instituto.

Sic vita his agïtur locis; at æra

Inter diminuuntur hæc, inanis

Et fit perula tenuium : ergo lautos

Illautosque simul redire cernas

Diversas patrias suasque terras.

Ceux-ci, qui n'ont point sacrifié aux mêmes autels, amis du repos, s'abandonnent aux douces langueurs du sommeil; ceux-là, infatigables explorateurs, courent les vallées, gravissent les monts et remontent, au milieu de l'épaisseur des bois, jusqu'aux sources sacrées des eaux. Ici le malade languissant implore le secours de la main pieuse des enfans d'Hygie; là il succombe, et soudain il est soustrait à sa couche affligée : le malheureux ! c'est un moine qu'il laisse pour héritier; un moine ! le plus exécrable des héritiers qu'on puisse avoir, et cependant héritier légitime, si l'on doit du respect à l'antiquité de cet usage.

Ainsi la vie s'écoule à Plombières; cependant l'argent s'échappe par mille issues, et les bourses se sont épuisées; il faut donc, baignans ou non baignans, que chacun retourne aux lieux qui le virent naître; les

Illos tristiculos parumque alacres ,

Hos successus alit , nec illa quosdam

Solos diva comes semel secuta

Tum spes deserit, ac domos reducit ,

Consolans miseros , levansque mistam

Duro sollicitudinem labori.

Ac discedere gestiunt prope omnes ,

Nam gens illa hominum est inhospitalis,

Stultè religiosa, iners, inepta.

Non Romana quidem, ut volunt vocari,

Sed ruris Getici vetus propago ,

In qua se velit esse pænè nemo ,

Omnes et cupiant fuisse et optent.

uns s'éloignent le front chargé de soucis , les autres charmés de leurs succès , le plus grand nombre soutenus par l'espérance , cette divine compagne qui revient avec eux s'asseoir à leurs foyers , et qui les console en leur faisant entrevoir un fruit éloigné de ce laborieux voyage.

Le départ est presque toujours précipité ; on se hâte de fuir la race indigène , race inhospitalière , superstitieuse , oisive et insociable : les insensés se donnent pour des descendans du peuple romain ; non , non , ils sont les vieux enfans d'une horde grossière de Gètes ; on s'est pressé d'arriver au milieu d'eux , et l'on est le lendemain impatient de les quitter.

Je ne puis résister, mon ami, à l'envie de te transmettre, à l'occasion de ce

poëme ou sur lui, quelques réflexions.
Il est certain que cet immense bassin de
quatre cents pas ou de mille pieds de
circuit était, comme celui du bain des
Pauvres, à ciel découvert ; il est certain
aussi qu'il était au milieu du bourg,
dont la première maison existait im-
médiatement après les arcades, et devant l'ouverture orientale du bassin.
Nul doute que le sol du bassin du bain
des Pauvres est de construction antique :
on l'attribue généralement aux Romains. Ces données positives acquises,
jusqu'où s'étendait donc ce grand bassin de quatre cents pas de circuit ? Le
gisement des deux montagnes qui for-
ment la partie du vallon où Plombières
est situé n'a pas changé ; l'ellipse qu'elles
décrivent à cette place a déterminé la

forme elliptique que les constructions
ont dessinée ; le grand bassin était au
centre : il a dû recevoir cette forme
exigée par la localité, et la circulation
entre lui et les maisons nécessaire-
ment conservée, a dû par conséquent
rétrécir la place qu'il occupait ; jusqu'où donc a-t-il pu être projeté pour
offrir sa grande dimension dont a déposé Camérarius ? Des arcades au bain
tempéré il n'y a que soixante pas, ou
cent cinquante pieds : en doublant cette
longueur, et en lui attribuant moitié
en sus pour sa courbure, on n'obtient
que quatre cent cinquante pieds, lorsque le bassin en avait mille. Le bain
tempéré, qui fait face à l'ouest du bassin du bain des Pauvres, a donc été
établi sur la portion occidentale du

grand bassin décrit par notre recteur de Leipsick.

Cette excursion topographique sur l'ancienne localité, me diras-tu, ne m'intéresse ni ne m'amuse. Fais donc réflexion, mon ami, que je suis dans ce moment un homme en *us*, et que mon *excursus* pour éclaircir mon texte, ou pour le justifier, n'est pas plus condamnable que ces savans commentaires, toujours plus longs que le texte, de tous ces scholiastes, mes complices, auxquels nous devons le précieux avantage, après la lecture de leurs lucides explications, de ne plus rien concevoir des passages difficiles de nos classiques.

Au temps de Camérarius on mourait à Plombières, en dépit de la salubrité de ses eaux, et c'est une sottise qu'on y fait encore; mais ce qu'on y laisse aujourd'hui, quoique dérobé rapidement à la maison à laquelle on le confie, y est du moins l'objet du respect; et le digne pasteur de notre ville, qui n'est plus un moine fourni par le couvent ruiné d'Érival, qui existait à deux lieues de Plombières, n'éleva jamais l'injurieuse prétention à un droit de déshérence sur la succession des baigneurs.

Je veux te dire encore que je suis affligé de l'outrage fait par Camérarius à la population de Plombières; il fut injuste envers elle. Peut-être avait-il été plus exigeant qu'il ne devait l'être. Les hommes de mérite ont une susceptibilité qui leur nuit souvent; et leurs jugemens, qu'elle a aussi trop souvent dictés, accusent bien plus leur irritabilité que les hommes qu'ils ont voulu flétrir. Nous estimons les Hollandais en dépit de ces adieux injurieux qu'on attribue à Voltaire : ne disgracions donc pas les habitans de Plombières sur la foi d'une boutade de notre poëte. Je ne connais que lui qui leur ait fait le reproche d'être inhospitaliers. Montaigne, vingt-cinq ans peut-être après Camérarius, Rollin d'Essars, grand-maître des eaux et forêts, dans le dix-huitième siècle, se sont plû à rendre témoignage de la bonté et des mœurs inoffensives de cette même population.

Le premier, en 1580, six ans après la mort de Camérarius, vint visiter Plombières, et se baigner dans son grand bassin, « sur lequel, dit-il, jette on « des ais par le dessus pour éviter le so-

« leil et la pluye. » Il ajoute : « on y
« observe une singulière modestie , et
« si est indécent aux hommes de s'y
« mettre autrement que tout nuds ,
« sauf un petit braiet, et les femmes
« sauf une chemise. » Bon Montaigne ,
combien nous valons moins que vous ,
puisque votre décence d'alors serait aujourd'hui taxée d'impudeur et de cy-
nisme ! « Enfin , dit-il , en parlant des
« habitans , c'est une bonne nation ,
« libre , sensée et officieuse. »

Le second, en 1786 , a laissé une at-
testation, gravée sur le marbre, des vertus hospitalières de cette même nation.
Le vandalisme de 1793 avait cru dé-
truire ce monument; les soins pieux du
docteur Jacquot l'ont vengé de ses ou-
trages ; recouvré par ses soins, il lui a

restitué la vie en le relevant sur les murs intérieurs de sa belle maison : on y lit :

Vogesos saltus, magno sub Cæsare Carlo
Qui latebræ fuerant, hospitiumque feris,
Candida gens habitat, mutato nomine, montes,
Et pia ditescit moribus innocuis. *Etc.*

« Les gorges des Vosges, qui sous Charlemagne étaient le repaire des fauves, sont habitées aujourd'hui par une nation bonne, hospitalière, et de mœurs irréprochables. »

Faisons-lui grâces de son erreur sur l'espèce des habitans de Plombières au huitième et au neuvième siècles, mais sachons-lui bon gré, ainsi qu'à l'auteur des *Essais*, de nous avoir peint les habitans de ce pays comme nous les retrouvons encore à présent.

Ma santé s'est raffermie; j'ai repris
ma vie ordinaire; et la ferme à Jacquot,
où j'avais promis de revenir, m'a prêté
contre les feux du jour l'abri de ses
bosquets. La chaleur ne m'a je crois
jamais à ce point accablé; aussi le sommeil s'est-il soudain appesanti sur mes
paupières. Dieu! quel rêve vint me
caresser! ô mon ami! ne me l'envie
point: ce n'est qu'en rêvant que j'ai pu
soupçonner ce qu'est le bonheur. Je suis
revenu chez moi encore ivre de ce
mensonge, et j'ai adressé à Cynthie
cette lettre que la cruelle laissera sans
réponse.

Tantôt, lorsqu'au sommeil je me livrais, Cynthie,
Un songe vint bercer l'amour que j'ai pour toi.
Dans les flancs d'un rocher, sur la mousse assoupie
    Tu reposais, je t'aperçois,

Et je m'élance auprès de mon amie.
La feuille desséchée avait trahi mes pas :
Cynthie ouvre ses yeux plus brillans que l'aurore,
    Elle veut fuir, mais je l'implore ;
    Je la fléchis, elle ne me fuit pas.
    L'Amour planait sous la voûte embellie ;
    Sur ma Cynthie il dirigeait un trait ;
    Le trait divin a produit son effet ;
Un long soupir échappe à son âme attendrie,
    Amant heureux, j'en suis l'objet.
Enivré, sur mon cœur je presse ma Cynthie,
Et sept baisers brûlans ont vaincu ses rigueurs ;
    J'en donne deux à ses yeux enchanteurs ;
Le troisième est cueilli sur sa bouche jolie ;
    Les deux suivans sur son sein séducteur ;
    Je prends sur son front le septième ;
    De ma Cynthie amant avec pudeur,
    Je voulais cacher la rougeur
    Qu'avait fait naître le sixième.
Dans mes sens étonnés ces bienfaits de l'Amour
    Avaient porté le trouble et le délire ;
A tant de voluptés je ne pouvais suffire,
    Et mes yeux s'ouvrirent au jour.

Revenu à notre table d'hôte, déjà à moitié desservie, parce que je m'y présentais trop tard, on me fait la proposition de me compter dans la joyeuse caravane qui devait aller le lendemain visiter le Val-d'Ajou. J'accepte avec empressement, et parce que la gaieté, dont j'ai tant besoin, sera la provision qu'on dépensera dans le voyage, et parce que je suis bien aise de faire connaissance avec ce pays où l'art du rebouteur de membres luxés a, dit-on, son sanctuaire. Peut-être faudrait-il plutôt dire qu'il y eut son berceau, et qu'il jouit, pour le malheur de la contrée, de la faveur anti-sociale d'y végéter encore. Nous sommes en route, mon ami, nos dames sur la monture que leur conseille Stanislas Jean, chevalier de Bouflers, dans son joli petit poème intitulé *Le Cœur :* les cavaliers courtois sont à leurs côtés. La prudence est en ce point d'accord avec la courtoisie. L'animal patient qui leur prête sa croupe désensellée, épuisé par un travail auquel l'avidité de son maître n'accorde jamais le moindre sursis, s'abat trop souvent sous son précieux fardeau. Oh! combien les ânes sont plus heureux dans la capitale! il leur suffit d'un peu d'encolure pour être traités avec une distinction toute particulière; et j'en ai vu beaucoup qui, grâces à cette prérogative, en dépit de l'aspérité de leur accent, jouissaient du droit incontesté de donner le ton. Nous voilà partis; nous avons gravi la montagne au midi; et, arrivés à son sommet, nous courons sur une vaste plaine, mais sous l'abri d'un taillis qui se prolonge presque sans interruption jusqu'au lieu qu'on nomme la Feuillée. C'est l'asile d'un bon cultivateur de cette plaine qui ne lui rend, en échange de son travail et de ses sueurs, qu'une avoine assez maigre et du sarrasin ; elle finit là. Le rampant au sommet duquel elle se termine impose un peu par son apparente rapidité. On doit aux soins de ce brave homme une salle longue, formée par une grêle plantation de jeunes charmes ; on y boit son lait, dont la saveur, trop voisine de l'odeur de la fleur du châtaignier, n'est pas agréable ; ou bien, sur la table inamovible qu'il y a dressée, on l'associe, lorsqu'on jouit, comme Caton l'Ancien, du privilége de savoir accorder à un vertueux cultivateur le rang social qui appartient à ceux dont les travaux enrichissent la patrie en la nourrissant, on l'associe au repas champêtre, que les hôtes qu'on a à Plombières ne se refusent jamais d'y faire apporter.

C'est de là que les regards étonnés du voyageur se plongent dans la riche vallée que l'on a nommée le Val-d'Ajou, et contemplent son village pittoresque assis sur la jolie rivière qui fuit en serpentant au milieu d'une prairie délicieuse, où des terres brillantes de riches moissons. des métairies nombreuses, mais parsemées sur l'immense surface du vallon, en attestent la fécondité. Les rampans de ce beau lieu sont cultivés jusqu'au point où cesse enfin la générosité du

sol ; et de beaux bois, si ce n'est au
sud-ouest, fiers d'occuper la place que
la main de l'homme ne leur a pas dis-
putée, s'élèvent en amphithéâtre jusqu'au sommet des monts, et dessinent
ainsi, pour ce lieu favorisé, une vaste
ceinture qui le protége contre les vents
impétueux de nord-ouest, ét l'aigreur
des vents d'orient. Ces bois vénérés,
inépuisables dans leurs bienfaits, élèvent, pour le vallon, un rempart in-
vincible contre les éclats fréquens de
la foudre dont ils se réservent les fu-
reurs, tandis qu'ils envoient leurs mille
ruisseaux, exprès dérobés par à eux à
la région des nuages dans laquelle leur
front se balance, ajouter au luxe de sa
végétation et à son admirable prospé-
rité.

Frappé du magnifique spectacle qui s'é-
tait développé à mes yeux, je me deman-
dai si jadis la pieuse admiration des mortels n'aurait pas imposé à ce vallon le nom
qu'il a conservé? M. le docteur Jacquot
m'apprit qu'il avait reçu et indifférem-
ment retenu les noms de *Val-d'Ajou,*
de *joie* et d'*Io.* J'en ai conclu que ma
supposition était fondée. *Io* est une cor-
ruption de l'exclamation *ó* qui, dans la
plus haute antiquité, était l'expression
du nom de dieu ; *O-Siris*, dieu-maître.
Les philologues les plus savans con-
viennent que *Siris*, dans la langue égyp-
tienne, signifie maître, et *O-Siris* souverain maître. En attribuant une femme
à ce dieu souverain, ils l'ont nommée
Isis, que les Grecs ont reçue sous le
nom d'*Io*, nom que les Romains ont

adopté dans leurs acclamations à leurs
dieux :

Dicite io Pæan, et io bis dicite Pæan.

Tu sais que *Pæan* était la dénomina-
tion générique de la foule des Immor-
tels de l'antiquité; que Pindare a nommé *Pæana* la réunion de ses hymnes à
leur louange; ce qui semble justifier
d'autant plus la valeur que je donne à
l'exclamation *Io*, dont on faisait pré-
précéder leur nom.

Le nom *You* est reconnu descendre
de *Yahouh*, divinité des Egyptiens de
Thèbes, dont les formes ne se figuraient
pas, parce qu'elles ne peuvent affecter
nos sens. Cette immatérielle divinité,
ce dieu unique fut celui que Moïse en-
seigna à son peuple, sous le nom de
Jéhov, qui signifie l'essence des êtres,

et qui, introduit en Grèce par les co-
lonies égyptiennes, y reçut le nom
d'*Iou-Piter*, dieu père, dieu source de
toutes choses, dieu générateur. Il fut
adopté sous le même nom par les Romains ; *Iu-Piter*, c'est-à-dire, *Iou-*
Piter, puisque l'*u* y avait la valeur de
l'*u* suivi d'un *o*, comme il l'a conservée
chez les Italiens leurs descendans et ailleurs. *Iou*, comme *Io*, est donc le nom
de la divinité.

Cela suffirait pour te prouver que j'ai
atteint le but auquel je veux arriver ;
mais ce beau val a aussi reçu le surnom
de *Joye*. Faut-il en conclure qu'il soit
l'asile des plaisirs et de la gaieté ? Non,
mon ami, nos petites maîtresses n'y
entretiennent point ces délicieuses alternatives de désirs, de craintes, d'es-

pérance, de désespoir et de volupté ; Paul et madame Gardel n'y dansent point un pas de deux ; madame Mainvielle n'y a jamais chanté, et les bals masqués y sont inconnus. On y cultive son champ, on y vit fort économiquement, on s'y dispute sur un déplacement de son dieu Therme, on s'y couche avec le soleil, on s'y réveille avec l'aurore qui le précède, pour se livrer à de nouvelles fatigues. Pourquoi donc, me diras-tu, l'a-t-on nommé le Val-de-Joie ? C'est parce que le mot *Joye* est, comme *Jo* et *Jou*, l'expression du nom de Dieu. *Mont-Joye*, Saint-Denis, mot sacré de ralliement chez nos anciens aïeux, signifiait mont de Dieu. Tu es à portée à Paris de te certifier toutes ces données à leurs sources mêmes. Ma pauvre mémoire bien fatiguée te vaut le bonheur d'échapper aux nombreuses citations que je te ferais si j'étais au milieu de mes livres, coiffé de mon bonnet d'érudit, et enveloppé dans ma longue robe de chambre, élimée surtout à partir des coudes, et pesante de toute la vénérable poussière de mes in-folios. Nos monts, en France et dans l'antiquité, consacrés au culte divin, avaient reçu, je me souviens de l'avoir lu dans Dulaure*, les surnoms de *Joie*, d'*You* et de *Jevoul*, c'est-à-dire qu'on les nommait monts de Dieu, ou monts divins. Le val que j'ai trouvé si beau et que tous les voyageurs admirent, ce val, par le moelleux de ses contours, par son éten-

---

* Histoire physique civile et morale de Paris, 7 vol. in-8°, fig.

due, par les richesses dont la nature
prodigue l'a doté, et par les bois vénérés qui le protégent, semble donc devoir son surnom à une admiration religieuse ou peut-être à d'antiques monumens que la main du temps ou l'in-
tolérance aurait renversés, et qu'une
pieuse reconnaissance y aurait jadis élevés aux dieux.

Je touche bientôt, mon ami, au moment de te revoir, voilà plus de trois
semaines que je vis dans mon exil, exil
qui ne serait cependant pas fort rigoureux, si Cynthie, qui a le pas sur toi
malgré sa froideur, ou à cause d'elle, et
toi ensuite, le partagiez. Vous occupe-
riez ici tous mes momens, et je n'en
serais pas réduit à chercher, pour me
distraire, de l'aliment dans la chro-

nique du pays, dans celles des baigneurs, et à la nécessité de mettre le
peu d'esprit que j'ai à la torture pour
t'associer à nos nouvelles. Je me résigne
toutefois, et puisque j'ai promis de
te tenir au courant des graves événe-
mens qui nous surviennent, écoute
avec recueillement le larmoyant récit
d'une aventure nocturne qui occupe
depuis vingt-quatre heures l'exquise
sensibilité de tous nos buveurs d'eau.

> L'Amour, fils de l'Oisiveté,
> Avait d'une jeune baigneuse
> Subjugué, dit-on, la fierté.
> Au bal, foyer de la gaieté,
> Elle était pensive et rêveuse.
> C'était bien pis dans le vallon,
> Et sur sa prairie émaillée,
> Et pis encor sous la feuillée
> Ombrageant les remparts du mont.
> L'Adonis qui l'avait blessée,

Comme elle brûlé de désirs,
Comme elle livrait aux zéphirs
Les soupirs d'une âme embrâsée,
L'Amour, si souvent imposteur,
Et qu'on croit un dieu si propice,
Prit pitié de leur pauvre cœur.
Un billet d'un style enchanteur,
Parce qu'il venait d'un novice,
Bien décousu, tendre, opportun,
Niais, audacieux, sublime,
Brûlé d'amour, glacé d'estime,
Qui n'avait pas le sens commun,
De notre belle consumée
A charmé l'esprit et les sens.
Elle a relu ces mots charmans :
« La plus belle et la plus aimée. »
Elle est au comble du bonheur,
Et du rendez-vous qu'il implore
Le bel Adonis qui l'adore
Reçoit l'amoureuse faveur.
C'était alors que tout repose,
Que sous les voiles de la nuit,

Après qu'aurait sonné minuit,

Devait être accueilli Monrose,

Et par la porte demi-close

Jusqu'à sa couche être introduit.

Pendant que l'amour les consume,

Érato, sa lascive sœur,

D'une voisine atteint le cœur,

Et, perfide, en son sein allume

Un désir saphique et trompeur.

Sombre, l'œil hagard, haletante,

Pieds nus, à grands pas elle arpente

L'asyle où le repos la fuit,

Et bientôt, rompant sa barrière,

Le corridor est la carrière

Où son délire la poursuit.

« Que vois-je ? ô ciel ! elle est ouverte,

« La porte opposée à mes feux !

« C'en est fait, j'accomplis mes vœux,

« Ou je cours assurer ma perte. »

La porte cède ; elle a saisi

Une main douce et caressante :

« Est-ce vous, mon aimable ami,

« Dont la tendresse impatiente.....
« — Oui, c'est moi dont l'âme brûlante
« D'un feu par Vénus allumé
« Demande à ton sein parfumé
« D'étancher sa soif enivrante. »
Elle a dit : voilà que soudain
Cette place à l'Amour promise
Au gré d'un contraire destin
Par sa sœur se trouve conquise.
Cependant minuit a sonné ;
Et le trop fortuné Monrose,
Exact au rendez-vous donné,
De l'amour vient cueillir la rose.
Que de bien lui voulaient les Dieux !
Il croyait saisir sur sa tige
La fleur qui séduisit ses yeux,
Et, par un fortuné prodige,
Au lieu d'une il en cueille deux.
Par la Renommée envieuse,
De cette nuit voluptueuse
Le secret bientôt a bruï ;
Et chacun, d'une voix commune,

Jaloux de sa bonne fortune,
Se dit : oh ! que ne fus-je lui !

Je l'ai peut-être dit avec les autres, mon ami, je ne puis pas cependant en convenir. Si ce récit que je te confie allait passer sous les yeux de ma cruelle, combien mon indiscret aveu fournirait de motifs nouveaux à ses rigueurs ! n'imitons pas ces capitalistes désintéressés qui ne prêtent leur or qu'aux hommes opulens.

Je n'avais plus rien à te dire, et j'allais clore cette lettre sempiternelle, lorsque deux de mes voisines, qui sont venues se promener à Plombières, et qui demain retournent à Nancy où elles demeurent, m'ont proposé d'être leur cavalier dans le voyage qu'elles ont projeté à Luxeuil. Nous déjeunons, et

le char-à-bancs qui nous attendait, rapide comme nos accélérés, nous fait,
en deux heures, franchir un espace de
quatre lieues. Nous traversons Fougerolles qui est à moitié chemin, et où
l'on fait une si prodigieuse quantité
d'eau de cerise que les bras n'y suffisent
point pour dépouiller de ses fruits l'immense forêt de cerisiers et de mérisiers
dont est couvert son territoire. C'est là,
mon ami, ce que notre foi robuste
accepte à Paris pour l'eau de cerise de
la Forêt-Noire. Moi-même, qui fais ici
le censeur, lorsqu'armé de la bouteille
d'un demi-litre, qui n'en contient cependant qu'un quart, je t'offre, et à
nos joyeux convives, le petit verre de
kirsch-wasser, j'assure de la meilleure
foi du monde qu'il est du plus haut

lieu; hélas! mon garant est uniquement dans les cinq francs que mon petit flacon m'a coûté, lorsqu'ici le litre mesuré à pleins bords ne vaut que soixante-dix centimes. Chaque maison de Fougerolles a sa distillerie, mais l'art du tonnelier ne s'est point introduit ici avec celui du distillateur. Je ne sais pas s'il faut apporter son verre pour y boire; mais je sais fort bien qu'on doit y amener des futailles, pour en exporter la vendange.

Nous voilà hors de Fougerolles, et j'en bénis le ciel; le caput mortuum de la chimie des habitans, jeté à la porte de chacun d'eux, exhale une odeur délétère et fétide qui nous a péniblement affectés.

Notre voyage au surplus a été gracieux, du moins pour moi. Les deux dames qui s'étaient mises sous mon égide sont charmantes; et leur esprit, qui fut avec soin cultivé, m'a procuré une journée que j'ai notée en rouge sur le calendrier où j'ai inscrit mon si petit nombre de jours heureux. Je me dois cependant de te dire que je m'étais mis en deux pour leur tenir tête, et que j'y réussis au-delà de mon espérance, grâces à une forte fluxion qui, suivant la joue que j'offrais à leurs jolis yeux, leur persuadait qu'elles étaient en société avec un gai compagnon, adorateur joufflu de Momus, ou un frère de la doctrine chrétienne.

Nous entrons dans Luxeuil. Oh! pourquoi la ville ne ressemble-t-elle pas à son faubourg! A notre droite est le jardin, ou plutôt le parc au milieu duquel sont situés les bains. Pardon de mon blasphème; c'est le palais des bains que je devais dire. Une vaste grille, longeant un chemin vicinal, isole le grand parterre qu'il faut traverser pour y arriver; une architecture noble et sévère annonce au baigneur souffrant qu'il est devant le sanctuaire d'Hygie; et, lorsqu'il en a franchi le seuil, de beaux bassins, sous des voûtes hardies, des baignoires en granit où coule sans cesse la source précieuse, attestent qu'il est du moins des établissemens thermaux où l'on a daigné s'occuper des voyageurs. Sur le fronton d'une aile de ce palais sa sœur n'est encore que fondée, on a placé une inscription révélant que Labiénus, qui déposa ses nobles armes sur le Rubicon, pour les ressaisir dans le camp de la liberté romaine, offertes par les mains vertueuses de Cicéron; que Labiénus, lieutenant de César, a restauré, pendant son séjour dans la Séquanie, ces thermes antiques, qu'à son tour M....., préfet de la Haute-Saône, a relevés. Sachons gré à M. le préfet d'avoir donné un avis favorable au rétablissement de ces thermes; mais réservons au gouvernement, dont il ne fut que l'agent salarié, le tribut de notre reconnaissance. Aussi, mon ami, ai-je été un peu scandalisé de l'orgueil de ce fonctionnaire, auquel cette restauration n'a pas probablement coûté un écu, lorsque j'ai vu qu'il occupait seul les trois dernières lignes de l'inscription, et que j'ai vu son nom,

déplacé sur ce monument, écrit en ca-
ractères beaucoup plus grands que ceux
de César et de Labiénus. Ne te semble-
t-il pas, comme à moi, qu'il existe en
ceci infiniment plus qu'un échantillon
de vanité?

Il est malheureux que l'établissement
des bains soit trop éloigné de la ville;
son isolement lui prête de la majesté,
mais c'est aux dépens de la commo-
dité des baigneurs, auxquels une vaste
promenade aérée ne convient point en
sortant de ces étuves. Quant à la ville,
elle se compose d'une seule rue qu'on
a nommée par emphase la rue des Romains, et qui n'est point du tout en
harmonie avec la splendeur de son
nom. Toutes les maisons de cette rue
assez large, mal pavée et sinueuse, qui

n'est au surplus que la grande route, sont laides et noires comme si le feu les eût attaquées. Après un dîner, qui nous fit regretter Plombières, nous nous hâtâmes de revenir, et nous fûmes encore assez heureux pour assister à une magique représentation de la Mélomanie, où les sons de la flûte, du haut-bois, du cor de chasse, de la trompette, du canon enfin, empruntèrent pour nous ravir les tons criards de trois violons.

Mes gracieuses compagnes sont parties, et je ne vais pas tarder à les suivre ; encore deux ou trois jours, et je fais mes adieux à la jolie ville de Plombières qui me reverra l'année prochaine,

Pourvu que Dieu me prête vie.

Je t'ai conduit partout, mon ami, excepté au cimetière champêtre de notre ville ; je l'ai visité ce matin, et j'y ai retrouvé ma mélancolie. Après en avoir, d'un pas religieux, parcouru l'enceinte extérieure, j'y ai enfin pénétré. J'avais déposé sur son seuil l'oubli de ces vanités dont il est le terme, et dans lesquelles les hommes font consister leur joie, leur bonheur et jusques à leur gloire : j'étais concentré dans un pieux recueillement ; mais bientôt je troublai par ces vers la paix profonde dont ce lieu de terreur, pour les heureux du siècle, est le sanctuaire.

Salut, ô terre hospitalière ;
Salut, asile de la paix ;
Heureux qui repose à jamais
Sous ta vénérable poussière !

Salut, ô toi que le destin
Dans ce havre vient de conduire ;
Tu planes encor pour instruire
Celui qui passe en ce chemin.
Demain sur ta tombe affaissée
Rien de toi ne déposera :
Un autre, à son tour, donnera
La leçon que tu m'as laissée.
Oui, c'est là qu'existe en effet
Le calme qui me fuit sans cesse :
Le profond chagrin qui m'oppresse
Dans ton domaine disparaît.
Peut-être ta pénible vie
Fut-elle vouée au malheur ;
Sur toi peut-être un oppresseur
Fit peser sa puissance impie !...
Repose à l'abri des tyrans :
Jamais dans cet enclos modeste
Ne viendra leur race funeste
Leur élever des monumens.
Mais peut-être aussi, tendre père,
Aurais-tu laissé loin du port

Des enfans, une vieille mère ;
Peut-être, en perdant la lumière,
Les livras-tu jouets du sort.
O désespérante pensée !
Combien ton ombre en doit frémir !
Il doit, cet affreux avenir,
Réchauffer ta cendre glacée.
Mais si d'une existence usée
Dans le chagrin, dans la douleur,
Par toi la charge est déposée,
J'adore un Dieu consolateur,
Ta tombe étroite est l'Élysée.
Hélas ! puisse bientôt pour moi
Arriver le moment auguste
Où le trépas, une fois juste,
Doit me ranger auprès de toi !
De tous ceux que dans sa carrière
L'astre cruel du jour éclaire,
J'existe le plus malheureux ;
Le forçat, courbé sous sa chaîne,
Peut compter les jours de sa peine,
Le dernier sourit à ses yeux :

Moi, plus j'avance dans la vie,
Plus mon existence est flétrie,
Et plus mon sort est rigoureux.
Je te bénirais, jour propice,
Jour par les mortels redouté,
Dernier instant de mon supplice,
Premier de ma félicité!.....
Tu viendras saluer ma cendre,
O toi que mon cœur adora;
Tu viendras, tardivement tendre,
Sur ma tombe froide répandre
Les fleurs dont ton sein se para.
Sur la place où ta main charmante
A pressé mon cœur amoureux,
D'une boucle de tes cheveux
Tu mettras la tresse ondoyante.....
Je ne serai pas sans honneurs
Descendu dans une autre vie,
Puisque sur mes restes Cynthie
Aura laissé couler des pleurs.

Ce n'est pas gaîment finir ma lettre,

mon ami, je l'avoue; mais quelle est la fin qui soit gaie. On peut philosophiquement s'en aller; mais, quoi qu'en dise mon élégie, ce n'est jamais joyeusement.

Je te reviens sous quatre jours, et parce qu'il faut prévoir la possibilité d'avaries plus ou moins graves dans une longue route, je t'embrasse par précaution.

P. D. C.

CODICILLE.

LETTRE II.

Je t'ai fait parvenir mon testament
sur Plombières; mais il m'a semblé que
je ne devais pas te laisser ignorer les
découvertes que j'ai faites de diverses
opinions d'anciens médecins sur la nature de nos thermes, et sur l'usage que
l'on peut faire en tout temps des bains
chauds, quels qu'ils soient. Cette lettre,
que je joins à la première, sera comme
mon codicille. Je suis, à l'égard de
Plombières, comme un mourant qui,

après avoir testé en faveur de celui dont il eut à se louer, croit n'avoir pas fait assez, et rappelle les notaires pour ajouter à ses premières dispositions.

Le médecin allemand Fuchsius, ou Fuschs, qui a écrit sur les eaux thermales, s'est expliqué de cette manière sur les eaux de Plombières :

In Lothoringiæ montanis balnea sunt qui Plumbers, quasi plumbea, ob nimirum copiosam plumbi mixturam vocantur. Constant ex plumbi, ut diximus, sulfuris et aluminis commixtione. Auxiliantur malignis et curatu difficilibus ulceribus, cancro, phagedænis, fistulis, elephantiasi recens captæ, et omnibus cutis vitiis. Horum inter Germaniæ balnea mentionem facere placuit, quia ex omni fere genere terrarum homines illuc commigrant.

On trouve dans les montagnes de la Lorraine les Thermes de Plombières , ainsi
nommés à cause de l'immense quantité de
plomb que leurs eaux tiennent en dissolu-
tion. Leur analyse offre un mélange de
plomb , de soufre et d'alun. Ces eaux sont
un excellent spécifique contre les ulcères
malins , les chancres , la lèpre , les fistules ,
l'éléphantiasis récente , et en général contre
toutes les maladies de la peau. Nous avons
cru devoir les signaler, par-dessus toutes les
eaux thermales de la Germanie , par le mo-
tif que les malades y affluent de presque tous
les points de l'univers.

La chimie moderne a dissipé l'erreur
de nos pères, qui supposaient que les
eaux minérales de Plombières étaient
saturées de plomb. C'est à un principe
gélatineux qu'il faut attribuer aujour-

d'hui ce que ces eaux semblent avoir d'onctueux, et à la mixtion de ce principe à ceux d'alun et de potasse que la nouvelle analyse y a fait admettre.

Le docteur Gundelfinger, ou Gundelfingerus, qui a aussi parlé des Thermes de Plombières, ne les avait certainement pas visités. Le vénérable doyen des médecins en exercice des hôpitaux de Paris, M. le docteur de Montaigu, qui a fait usage ici de nos eaux, le savant distingué qui, sans autre mission que celle qu'il a reçue de son amour pour l'humanité, a consacré toute une saison à inspecter les eaux thermales de notre belle France, monsieur le docteur Lerminier, qui vient de nous quitter, et qui, par respect pour l'art sublime dans lequel il s'est montré l'un

de nos grands maîtres, a voulu con-
naître par lui-même et les localités et
les propriétés de nos eaux thermales,
souriraient sans doute, si cette lettre
leur passait sous les yeux, au conte
que fait Gundelfinger à l'occasion des
thermes de Plombières. Tu vas le lire,
mais n'en crois rien, je t'en supplie;
nos jolies femmes n'y afflueraient pas,
s'il eût dit la vérité.

Sunt et apud Belgas thermæ, Plumbi-
num (vulgo Plummers) a plumbi minera
nuncupatæ, cujus qualitates et vires reci-
piunt. Hæ serpentibus, viperis, aliisque
vermibus crebro contaminantur. Præter
plumbum continent etiam nitrum et alumen.
Unde vires earum facile æstimabunt medici.

Il existe chez les Belges des eaux thermales
qu'on nomme de Plombières et vulgairement

Plummers. Elles tiennent leur nom des mines de plomb auxquelles elles empruntent leurs propriétés et leurs vertus. Leur pureté est souvent altérée par une multitude de serpens, de vipères et d'autres reptiles. Outre le plomb elles contiennent encore du nitre et de l'alun. Les médecins peuvent aisément, d'après cela, se rendre compte de leur utilité.

Non, mon ami, nos eaux thermales ne sont point souillées par la présence de ces reptiles; et cette allégation, qui est un mensonge, a de plus l'avantage spécial d'être une absurdité. La moins chaude de nos sources porte quarante degrés, la plus chaude quarante-quatre; et ce serait dans ce fluide igné que, selon Gundelfinger, qui parle de nos eaux chaudes, se trouveraient ces animaux détestés! ils y seraient cuits, si le hasard les y avait amenés. Mais d'où viendraient-ils? il n'y en a pas dans la contrée; on y trouve quelques couleuvres, on en rencontre partout, ainsi qu'un petit serpent de six ou huit pouces de longueur, qui est rare et tellement inoffensif qu'on est presque coupable de le tuer.

Il me reste à te donner l'opinion du célèbre médecin Michel Savonarole sur cette importante question : « Peut-on en toute saison user des eaux thermales? » J'ai entendu dire mille fois que ce n'est que vers le solstice d'été qu'il faut s'en approcher; mais si leur secours est l'unique moyen qui pourrait soulager un individu malade au solstice d'hiver, il faudra donc qu'il expire,

13.

parce que l'usage des eaux de Plombières ou de tout autre lieu n'est admis
par l'habitude que pendant l'été? Que
la mode soit ridicule, je souscris à tous
ses caprices; il lui convient de nous
donner le spectacle amusant de toutes
ses phases; mais je m'insurge contre
elle, si elle commande la cruauté. Son
domaine ne peut pas s'étendre jusqu'à
disposer des temps où nous pouvons
faire usage des dons incessans de la nature; et l'illustre médecin du prince
Léon a prouvé, par le raisonnement et
par des exemples, qu'en s'accommo-
dant au temps ou à la saison comme on
s'accommode aux usages des lieux, on
peut demander, même en hiver, aux
eaux thermales la santé qu'elles prodi-
guent pendant les ardeurs de la canicule.

C'est ainsi qu'il s'exprime :

Quod non inconvenit corpora pro causa necessaria tempore hyemis se ad balnea transferre, ubi aer cameræ bene disponatur, et locus totus, et custodiant se a frigore, et hujus modi. Nam de his experientiam habui in duobus ducibus exercitus illustris dominationis Venetiarum, comite videlicet Carmignola et Gatta Melata. Hi enim ambo paralysi molestati fuerunt, pro qua dispositione etiam consilio aliorum valentium virorum, balnea de mense januarii profecti sunt, et ego cum eis, qui mirabiliter convaluerunt. Carmignola ætate 48 annorum fere usque ad sanitatem pristinam; Gatta vero ætate 66 nimis bene convaluit. Sed potior successit sanitas quam sperabamus.

Feci fieri balneum in tina et in camera. Equidem usus hic particularis balnei etiam aliis in temporibus, cum adest, ex parte ventorum aut pluviæ, aeris intemperies, commendandus est : potest enim melius moderari in caliditate et in potentia, quoniam in majori quantitate aquæ est major potentia, in minori minor, cum potentia rei habet attendi penes multitudinem formæ. Circuivi balneum asseribus, et superius cooperiebatur, ne aer frigidus ludere posset, etc.

Quibus omnibus manifeste inducitur quanta debet cum diligentia esse a medicis consideratio, cum hominibus consulunt de eorum progressu ad balnea.

. Lib. 2, cap. 3, rub. 23, de balneis carpensibus, in fine.

Dans une pressante nécessité, on peut, pendant l'hiver, avoir recours aux eaux thermales; mais il faut y choisir un logement bien disposé, et s'y tenir, avec un extrême soin, à l'abri des intempéries de la saison. J'ai vérifié l'utilité de ces eaux pendant l'hiver sur la personne de deux généraux vénitiens, Carmignola et Gatta Mélata, tous les deux affligés de paralysie; ils furent, par l'événement d'une consultation, envoyés aux eaux thermales, au mois de janvier. Carmignola, âgé de quarante-huit ans, ne tarda pas à recouvrer la santé; Gatta, âgé de soixante-six ans, fut guéri plus promptement que nous ne l'avions espéré.

J'avais fait disposer une baignoire dans une chambre : il est à remarquer que cette manière d'user des eaux thermales, lorsque, même dans une saison moins rigoureuse, le vent est violent, ou le temps pluvieux, doit être recommandée. Il est d'ailleurs ainsi plus aisé d'atténuer la chaleur et l'action naturelle des eaux, car dans un grand bassin elles agissent plus énergiquement que dans un petit. Cette action au surplus peut, par ce moyen, être de mille manières modifiée dans son application. Enfin, j'avais environné les baignoires de petits supports sur lesquels j'avais placé des couvertures pour éviter plus sûrement tout contact avec l'air froid de l'extérieur.

On peut, d'après cela, juger du soin qu'on est en droit d'attendre des médecins qui envoient leurs malades aux eaux thermales.

Tu le vois, mon ami, voilà la question résolue en faveur de l'individu malade à l'époque où, dit-on, il ne faut point prendre les eaux thermales. Cette solution m'a soulagé. J'avais peine à concevoir qu'on ne pût pas user, pendant l'hiver, de ces eaux qu'on assure être curatives pendant l'été. Elles me semblaient, si cela eût été exact, déshéritées de toute propriété intrinsèque. Heureusement ce n'est qu'une supposition populaire, démentie par les maîtres de l'art et par l'expérience. Je m'en réjouis, pour nos habitans de Plombières surtout, qui, si tendres pour leurs hôtes, si hospitaliers pendant l'été, offrent ainsi, à notre sensibilité, une infaillible garantie des soins assidus et minutieux qu'ils prodigueraient à ceux qui, pendant l'hiver, viendraient les leur demander.

> Devant ses heureuses moissons
> Que le vent du midi balance,
> Et sur qui le soleil dispense
> L'or fertile de ses rayons,
> Le laboureur, sur l'indigence

Qui n'eut point de champs à semer,

Jette un regard de bienfaisance,

Et, sur sa prochaine opulence

Trop heureux de pouvoir dîmer,

A payé sa dette d'avance.

L'hiver arrive, et ses rigueurs.

Assis à son foyer rustique,

Son âme tendre et sympathique

Du pauvre voit couler les pleurs;

Et du nectar de ses vendanges,

Et des richesses de ses granges,

Sur lui versant le superflu,

Ramène ainsi dans la contrée

Les beaux jours du siècle d'Astrée,

Et le respect pour la vertu.

Ton ami dévoué pour la vie,

P. D. C.

FIN.